高等学校教材·电子、通信与自动控制技术

信号与系统实验

张 妍 编著

西北工业大学出版社

西安

【内容简介】 本书是为高等学校电子信息与电气类专业本科生开设的一门重要的专业基础实验课，"信号与系统实验"是为配合"信号与系统"理论课而独立设置的实验类课程。本书共分四章：第一章为基础实验，第二章为音频信号处理实验，第三章为定制实验箱介绍，第四章为软件工具安装及使用说明。其中：第一章基础实验结合硬件进行设计编写；第二章音频信号处理实验属于综合类实验，偏重于实际应用案例。学生在掌握基础实验后可以通过综合实验提高实际动手能力，本书确保教师能够针对不同培养目标提供难易程度不同的实验内容。

本书可作为高等学校本科、专科电类专业"信号与系统"课程的实验指导用书，同时可供广大电子技术爱好者学习参考。

图书在版编目(CIP)数据

信号与系统实验 / 张妍编著. -- 西安 ：西北工业大学出版社，2024. 10. --（高等学校教材）. -- ISBN 978 - 7 - 5612 - 9561 - 8

Ⅰ. TN911.6 - 33

中国国家版本馆 CIP 数据核字第 2024DA7239 号

XINHAO YU XITONG SHIYAN

信 号 与 系 统 实 验

张妍 编著

责任编辑：孙 倩 策划编辑：何格夫
责任校对：朱辰浩 装帧设计：高永斌 李 飞
出版发行：西北工业大学出版社
通信地址：西安市友谊西路 127 号 邮编：710072
电 话：(029)88491757，88493844
网 址：www.nwpup.com
印 刷 者：陕西奇彩印务有限责任公司
开 本：787 mm×1 092 mm 1/16
印 张：8.25
字 数：216 千字
版 次：2024 年 10 月第 1 版 2024 年 10 月第 1 次印刷
书 号：ISBN 978 - 7 - 5612 - 9561 - 8
定 价：40.00 元

前　言

　　"信号与系统实验"是与"信号与系统"这门电类专业重要的基础理论课相配套但独立设课的实验类课程。根据提高学生的综合动手能力的要求,"信号与系统实验"形成了相对完整的体系。

　　"信号与系统实验"设置的目的主要有三点:第一,配合理论基础教学的验证工作,巩固和扩充某些重点理论知识;第二,学习相关电子测量的基础知识以及相关的软件知识,使学生在掌握知识点的同时能够提高仪器的使用能力和软件仿真的能力;第三,通过一系列的综合应用实验,培养学生能够将所学的知识点融会贯通以及解决实际问题的能力。

　　本书采用的定制实验箱是根据实验内容开发的,针对不同的实验内容可采用不同的实验板进行实验,定制实验箱内容相对灵活,可根据实际实验内容进行更换。

　　本书的具体内容见下表:

实验大类	实验内容	实验分类
第一章 基础实验	实验一　常用信号的分类与观察	基础实验
	实验二　阶跃响应与冲激响应	基础实验
	实验三　连续时间系统的模拟	基础实验
	实验四　有源、无源滤波器	基础实验
	实验五　抽样定理与信号恢复	基础实验
	实验六　一阶电路暂态响应	基础实验
	实验七　二阶电路暂态响应	基础实验
	实验八　信号卷积实验	综合实验
	实验九　信号分解及合成	综合实验
	实验十　相位对波形合成的影响	综合实验
	实验十一　信号频谱分析	综合实验
	实验十二　数字滤波器	综合实验
	实验十三　直接数字频率合成	综合实验

续表

实验大类	实验内容		实验分类
第二章 音频信号处理实验	实验一	音频信号采集及观测	应用实验
	实验二	音频信号采集及 FFT 频谱分析	应用实验
	实验三	音频信号采集及尺度变换	应用实验
	实验四	音频信号带限处理及 FIR 数字滤波器设计	应用实验
第三章 定制实验箱介绍	模块 S1、模块 S2、模块 S3、模块 S4、模块 S5、模块 S6、模块 S7、模块 S8、模块 S9、模块 S24		
第四章 软件工具安装 及使用说明	软件一	CCS 集成环境与 Simulator 的简要说明	
	软件二	MATLAB 语言在 DSP 设计中的应用	
	软件三	辅助分析与设计软件	
	软件四	上位机软件安装及使用说明	

本书由张妍编写。本书的出版得到了西北工业大学电子信息学院实验教学中心和武汉凌特电子技术有限公司的大力支持,在此对他们表示诚挚的感谢。在本书的编写过程中,笔者参考了国内外的优秀教材和资料,在此向这些文献资料的作者深表谢意。

限于笔者水平,本书难免有不妥之处,恳请读者批评指正。

编著者

2024 年 6 月

目　　录

第一章　基础实验

实验一　常用信号的分类与观察

一、实验目的

(1)观察常用信号的波形,了解其特点及产生方法。

(2)学会用示波器测量常用波形的基本参数并了解信号的特性。

二、实验仪器

函数发生器 1 台;

双踪示波器 1 台;

数字万用表 1 台;

定制实验箱 1 台。

三、实验原理

对于一个系统特性的研究,其中一个重要的方面是研究它的输入、输出关系,即在特定的输入信号下,系统会产生相应的输出信号。因此信号的研究是系统研究的前提,是对系统研究的基本手段与方法。在本实验中,将对常用信号和特性进行分析和研究。

信号可以表示为一个或多个变量的函数,在时域中自变量为时间。常用的信号有指数信号、正弦信号、指数衰减正弦信号、抽样信号、钟形信号、脉冲信号等。

1. 指数信号

指数信号可表示为

$$f(t) = K e^{at} \tag{1-1-1}$$

对于不同的 a 值,其波形的表现形式不同。指数信号如图 1-1-1 所示。

2. 指数衰减正弦信号

指数衰减正弦信号表达式为

$$f(t) = \begin{cases} 0, & t < 0 \\ K e^{-at} \sin(\omega t), & t \geqslant 0 \end{cases} \tag{1-1-2}$$

指数衰减正弦信号如图 1-1-2 所示。

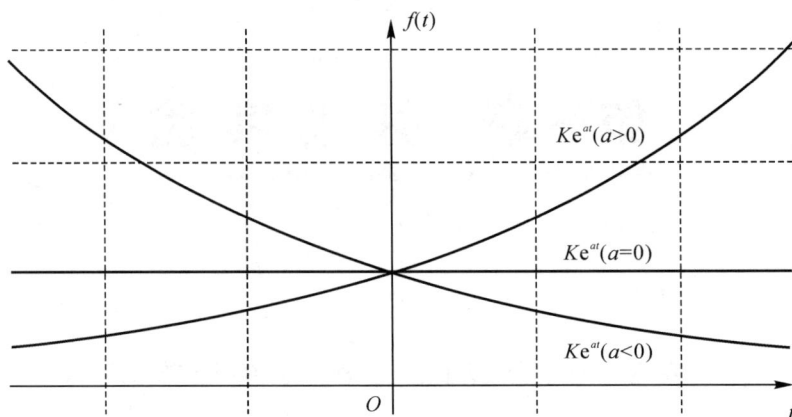

图 1-1-1　指数信号

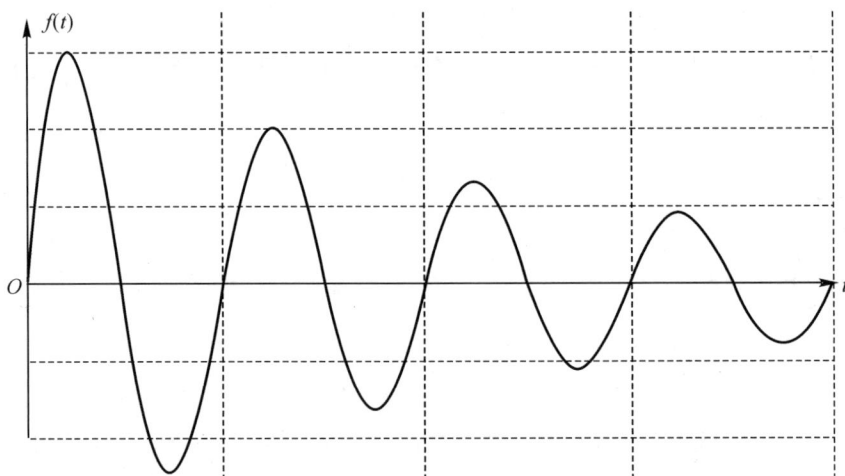

图 1-1-2　指数衰减正弦信号

3. 抽样信号

抽样信号的表达式为

$$Sa(t) = \frac{\sin t}{t} \qquad (1-1-3)$$

$Sa(t)$ 是一个偶函数,当 $t = \pm\pi, \pm2\pi, \cdots, \pm n\pi$ 时,函数值为零,该函数的应用非常广泛。抽样信号如图 1-1-3 所示。

4. 钟形信号(高斯函数)

钟形信号的表达式为

$$f(t) = E e^{-\left(\frac{t}{\tau}\right)^2} \qquad (1-1-4)$$

钟形信号如图 1-1-4 所示。

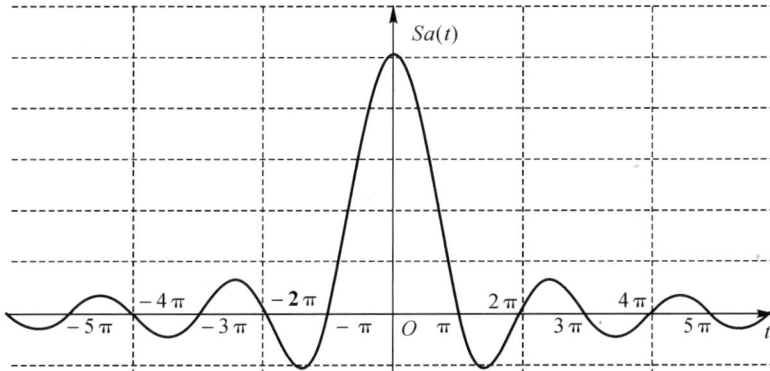

图 1-1-3　抽样信号

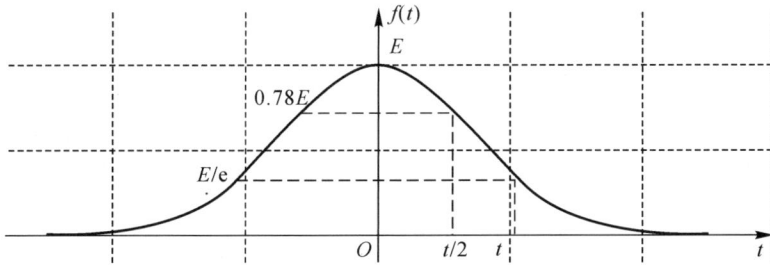

图 1-1-4　钟形信号

5. 脉冲信号

脉冲信号的表达式为

$$f(t) = u(t) - u(t-T) \qquad (1-1-5)$$

式中：$u(t)$为单位阶跃函数。脉冲信号如图 1-1-5 所示。

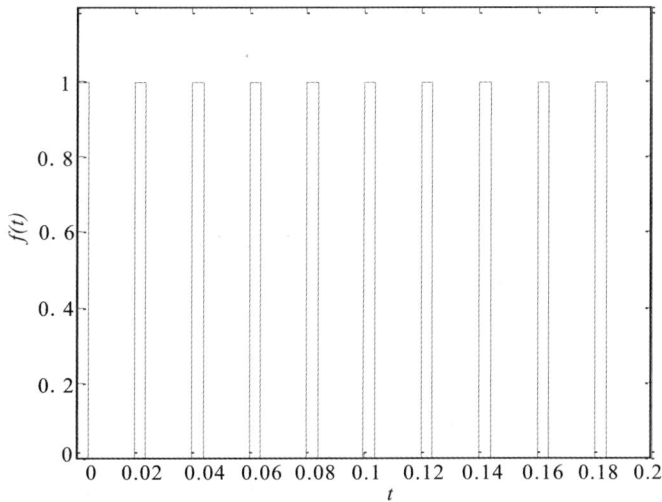

图 1-1-5　脉冲信号

6. 方波信号

方波信号周期为 T，前 $\dfrac{T}{2}$ 周期信号为正电平信号，后 $\dfrac{T}{2}$ 周期信号为负电平信号。方波信号如图 1-1-6 所示。

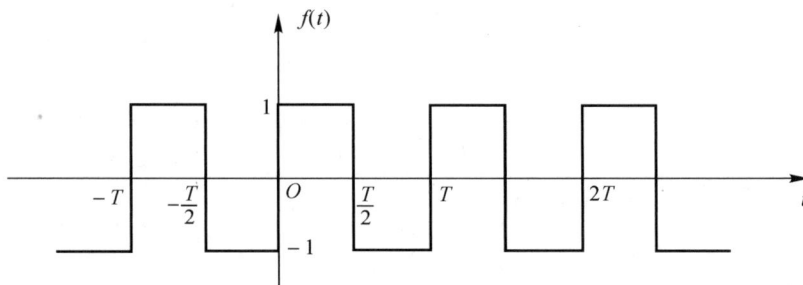

图 1-1-6　方波信号

四、实验内容与步骤

本实验通过调节信号的选择开关对常用信号的波形进行观测，观测的常用信号有指数信号（增长）、指数信号（衰减）、指数正弦信号（增长）、指数正弦信号（衰减）、抽样信号和钟形信号。具体信号的波形及函数表达式参考表 1-1-1。

表 1-1-1　常用信号波形及函数

序　号	开关 S_3	信号名称	波形函数
1	00000001	指数信号（增长）	$f(t)=0.65\mathrm{e}^{(t/370)}$
2	00000010	指数信号（衰减）	$f(t)=0.65\mathrm{e}^{-(t/370)}$
3	00000100	指数正弦信号（增长）	$f(t)=\begin{cases}0, & t<0 \\ 0.07\mathrm{e}^{\frac{t}{440}}\sin\left(\dfrac{2\pi t}{40}\right)+2.7, & t>0\end{cases}$
4	00001000	指数正弦信号（衰减）	$f(t)=\begin{cases}0, & t<0 \\ 3.3\mathrm{e}^{\frac{-t}{440}}\sin\left(\dfrac{2\pi t}{40}\right)+3, & t>0\end{cases}$
5	00010000	抽样信号	$Sa(t)=\dfrac{7\sin\left(\dfrac{2\pi t}{120}\right)}{\dfrac{2\pi t}{120}}+1.5$
6	00100000	钟形信号	$f(t)=4.8\mathrm{e}^{-\left(\frac{t}{280}\right)^2}$

本实验采用定制实验箱数字信号处理模块 Ⓢ4 进行操作，观测前需将拨码开关 SW_1 拨

为 00000001(开关拨上为 1,拨下为 0),即将 ⑤4 模块设置为常规信号观测功能,然后通过设置 ⑤4 模块中的拨码开关 S₃ 对信号进行选择,按下复位键 S₂ 加载常用信号观测功能。

1. 指数信号的观测

(1)将拨码开关 S₃ 第 1 位拨为"1"(从左到右),其他开关拨为"0",用示波器在 TP₁ 观察输出的指数信号,并分析对应的频率、a 和 K。

(2)将拨码开关 S₃ 第 2 位拨为"1"(从左到右),其他开关拨为"0"。观察指数信号波形的变化情况,分析原因。

2. 指数正弦信号观测

(1)将拨码开关 S₃ 第 3 位拨为"1"(从左到右),其他开关拨为"0"。用示波器在 TP₁ 观察输出的指数增长正弦信号。

(2)将拨码开关 S₃ 第 4 位拨为"1"(从左到右),其他开关拨为"0"。注意波形变化情况,分析原因。

3. 抽样信号的观测

将拨码开关 S₃ 第 5 位拨为"1"(从左到右),其他开关拨为"0"。用示波器在 TP₁ 处观察输出的抽样信号。

4. 钟形信号的观测

将拨码开关 S₃ 第 6 位拨为"1"(从左到右),其他开关拨为"0"。用示波器在 TP₁ 观察输出的钟形信号。

注意:该实验不要将拨码开关 S₃ 的第 7 位和第 8 位拨为"1"。

五、实验报告

用坐标纸画出观测的各波形。

实验二　阶跃响应与冲激响应

一、实验目的

(1)观察和测量 RLC 串联电路的阶跃响应与冲激响应的波形和有关参数,并研究其电路元件参数变化对响应状态的影响。

(2)掌握有关信号时域的测量分析方法。

二、实验仪器

函数发生器 1 台;
双踪示波器 1 台;
数字万用表 1 台;
定制实验箱 1 台。

三、实验原理

以单位冲激信号 $\delta(t)$ 作为激励,连续时不变(LTI)系统产生的零状态响应称为单位冲激响应,简称冲激响应,记为 $h(t)$,冲激响应示意图如图 1-2-1 所示。

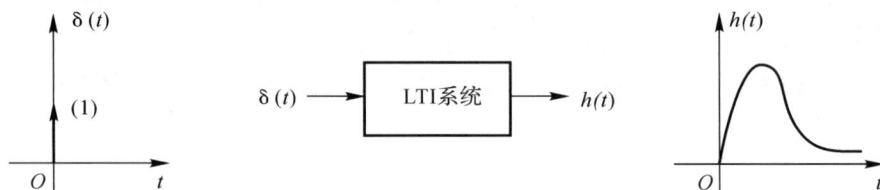

图 1-2-1 冲激响应示意图

以单位阶跃信号 $u(t)$ 作为激励,连续时不变(LTI)系统产生的零状态响应称为单位阶跃响应,简称阶跃响应,记为 $g(t)$,阶跃响应示意图如图 1-2-2 所示。

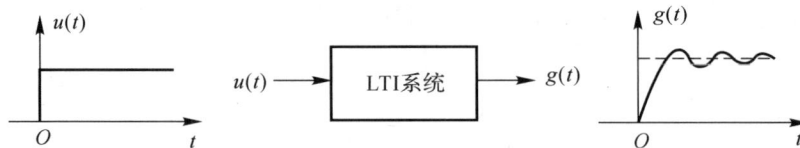

图 1-2-2 阶跃响应示意图

四、实验内容与步骤

1. 阶跃响应实验波形观察与参数测量

图 1-2-3 为 RLC 串联电路的阶跃响应电路图,响应有以下三种状态:

(1)当电阻 $R > 2\ \text{k}\Omega$ 时,称过阻尼状态。

(2)当电阻 $R = 2\ \text{k}\Omega$ 时,称临界状态。

(3)当电阻 $R < 2\ \text{k}\Omega$ 时,称欠阻尼状态。

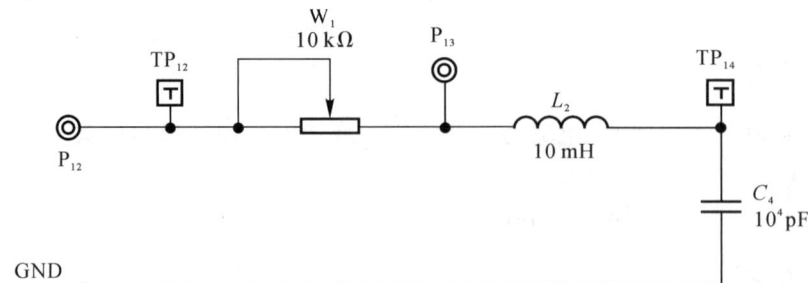

图 1-2-3 阶跃响应电路图

其中响应的动态指标定义如下(见图 1-2-4):

上升时间 t_r:$y(t)$ 从 0 到第一次达到稳态值 $y_{(\infty)}$ 所需的时间;

峰值时间 t_p:$y(t)$ 从 0 上升到 $y_{\max}$ 所需的时间;

调节时间 t_s：$y(t)$ 的振荡包络线进入到稳态值的 $\pm 5\%$ 误差范围所需的时间；

最大超调量 δ_p：

$$\delta_p = \frac{y_{\max} - y_{(\infty)}}{y_{(\infty)}} \times 100\% \qquad (1-2-1)$$

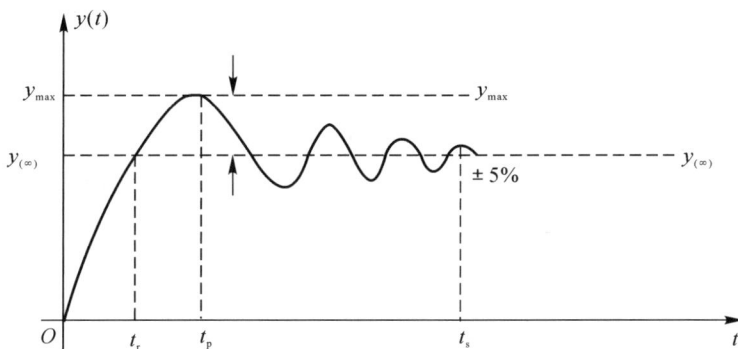

图 1-2-4 响应指标示意图

按图 1-2-3 所示连线，具体操作如下：

(1)调整激励信号为方波，频率为 $f=500\ \text{Hz}$。

(2)将方波信号输出端连接至模块 ⑤ 中的 P_{12}。

(3)示波器接于 P_{14}，调整电位器 W_1 的大小，使电路分别工作在欠阻尼、临界和过阻尼三种状态，观察各种状态下的输出波形，在测量的过程中用万用表随时测量电位器的电阻值。

(4)将输入的方波接到示波器通道 1，输出信号接到示波器通道 2，这样便于波形比较，观察电路处于以上三种状态时激励信号与响应信号的波形，并填于表 1-2-1 中。

表 1-2-1 阶跃响应状态

参数测量	状 态		
	欠阻尼状态 $R<2\ \text{k}\Omega$	临界状态 $R=2\ \text{k}\Omega$	过阻尼状态 $R>2\ \text{k}\Omega$
参数测量	$R=$	$R=$	$R=$
激励波形			
响应波形			

注：描绘波形要使三种状态的 x 轴坐标(扫描时间)一致。

2. 冲激响应的波形观察

冲激信号是阶跃信号的导数，即 $g(t)=\int_0^t h(\tau)\mathrm{d}\tau$，因此线性时不变系统的冲激响应是阶跃响应的导数。为了便于示波器观察响应波形,本实验使用周期方波来表示阶跃信号,用周期方波通过微分电路后得到的尖顶脉冲来表示冲激信号。

冲激信号是由阶跃信号经过微分电路而得到的,按图 1-2-5 连线,具体操作如下:

(1)调整激励信号源为方波,将频率调为 $f=500$ Hz。

(2)连接 P_{11} 与 P_{12}。

(3)将示波器的输出信号和微分电路连接,观察经微分电路后的响应波形(等效为冲激信号)。

(4)将经过微分电路的响应接到 TP_{14},调整电位器 W_1 的大小,使电路分别工作于欠阻尼、临界和过阻尼三种状态,在测量的过程中用万用表随时测量电位器的电阻值。

(5)将输入方波接到示波器通道 1,输出信号接到示波器通道 2,便于波形比较,观察电路处于以上三种状态时激励信号与响应信号的波形,并填于表 1-2-2 中。

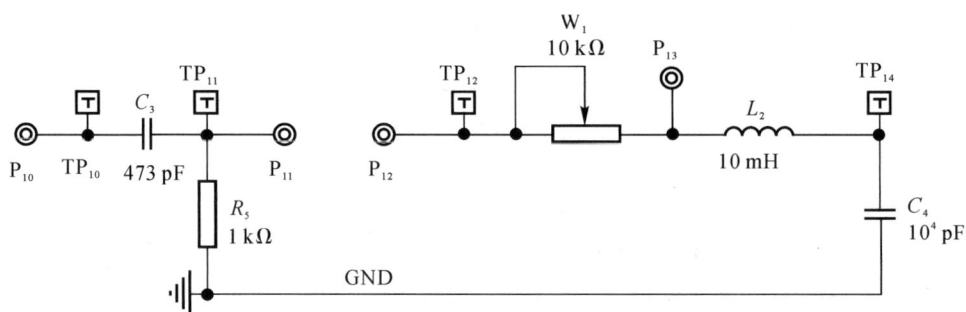

图 1-2-5 冲激响应电路图

表 1-2-2 冲激响应状态

参数测量	状 态		
	欠阻尼状态 $R<2$ kΩ	临界状态 $R=2$ kΩ	过阻尼状态 $R>2$ kΩ
参数测量	$R=$	$R=$	$R=$
激励波形			
响应波形			

五、实验报告

(1)描绘同样时间轴阶跃响应与冲激响应的输入、输出电压波形时,要标明信号幅度 A、周期 T、方波脉宽 T_1 以及微分电路的 τ 值。

(2)分析实验结果,说明电路参数变化对状态的影响。

实验三 连续时间系统的模拟

一、实验目的

(1)了解基本运算放大器、加法器、积分器的电路结构和运算功能。
(2)掌握用基本运算单元模拟连续时间一阶系统原理与测试方法。

二、实验仪器

函数发生器 1 台;
双踪示波器 1 台;
数字万用表 1 台;
定制实验箱 1 台。

三、实验原理

1. 线性系统的模拟

系统的模拟是用由基本运算单元组成的模拟装置来模拟实际系统的。模拟装置可以与实际系统的内容完全不同,但是两者的微分方程完全相同,输入、输出关系即传输函数也完全相同。模拟装置的激励和响应是电物理量,而实际系统的激励和响应不一定是电物理量,但它们之间的关系是一一对应的。因此,可以通过对模拟装置的研究来分析实际系统,最终达到一定条件下确定最佳参数的目的。

本实验所说的系统的模拟就是由基本的运算单元(放大器、加法器、积分器等)组成的模拟装置来模拟实际系统的传输特性。

2. 三种基本运算电路

(1)比例放大器,如图 1-3-1 所示,有

$$u_{o}=\frac{R_2}{R_1}u_i \qquad\qquad (1-3-1)$$

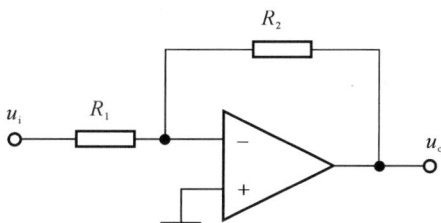

图 1-3-1 比例放大电路连线示意图

(2)加法器,如图 1-3-2 所示,有

$$u_{o}=-\frac{R_2}{R_1}(u_1+u_2)=-(u_1+u_2), \quad R_1=R_2 \qquad (1-3-2)$$

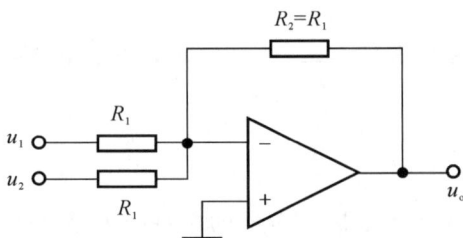

图 1-3-2 加法器电路连线示意图

(3)积分器,如图 1-3-3 所示,有

$$u_o = -\frac{1}{RC}\int u_i dt \qquad (1-3-3)$$

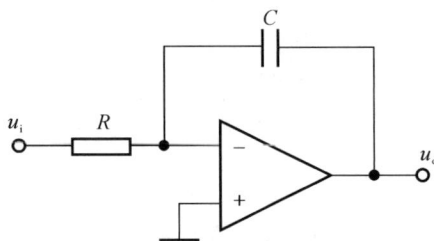

图 1-3-3 积分器电路连接示意图

四、实验内容与步骤

本实验采用定制实验箱的基本运算单元与连续系统模拟模块 ⑨ 进行实验,其中 U_1 和 U_2 为运算放大器,P_1、P_2 为 U_1 的输入接口,P_3 为 U_1 的输出接口,P_4、P_5 为 U_2 的输入接口,P_6 为 U_2 的输出接口。根据需要可选择提供的电阻、电容及电感进行连接,U_1 与 U_2 的电路图如图 1-3-4 所示。

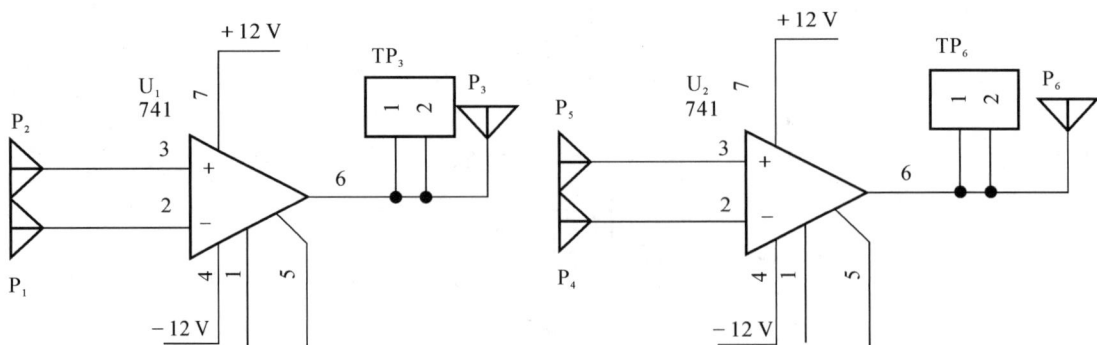

图 1-3-4 U_1、U_2 电路图

1. 加法器的观测

(1)模块关电,按图 1-3-5 所示连接实验电路。

(2)将直流信号 1 和 2 分别接至加法器的 u_1 和 u_2,模块开电,适当调节电压的大小,将输出结果记录于表 1-3-1 中。

(3)用万用表测量输出端电压 u_o,验证在反相加法器中,输出电压是否为两路输入电压之和取反相,完成表 1-3-1。

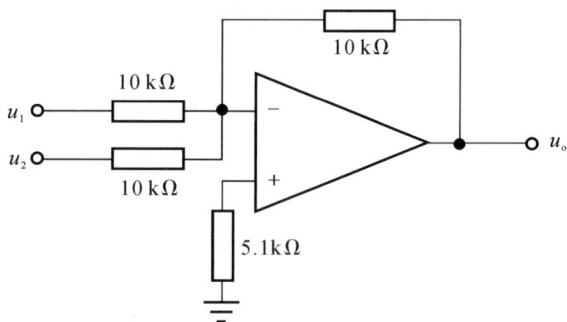

图 1-3-5 加法器实验电路图

表 1-3-1 加法器输入-输出关系

输入 1		输入 2		输 出	
电压/V	波形	电压/V	波形	电压/V	波形

注:有兴趣的同学,可以将输入信号改为幅度为 2 V、频率为 500 Hz 的方波,再观察输入及输出波形。还可以自行改变反馈接法,得到同相加法器,然后进行实验。

2. 比例放大器的观测

(1)模块关电,连接图 1-3-6 所示实验电路。R_1,R_2 可选择 2 组不同的电阻值以改变放大比例。

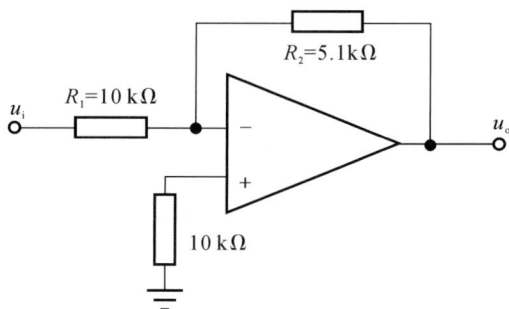

图 1-3-6 比例放大器实验电路图

(2)模块开电,将幅度为 1 V、频率为 1 kHz 的正弦波接入输入端,用示波器同时观察并比较输入、输出的波形,完成表 1-3-2。

表 1-3-2　比例放大器输入、输出关系

电　阻		输　入		输　出	
		电压/V	波　形	电压/V	波　形
①	$R_1 = 1$ kΩ				
	$R_2 = 5.1$ kΩ				
②	$R_1 =$				
	$R_2 =$				

3. 积分器的观测

(1)模块关电,连接图1-3-7所示实验电路(20 kΩ 的电阻,可用两个 10 kΩ 的电路串联代替)。

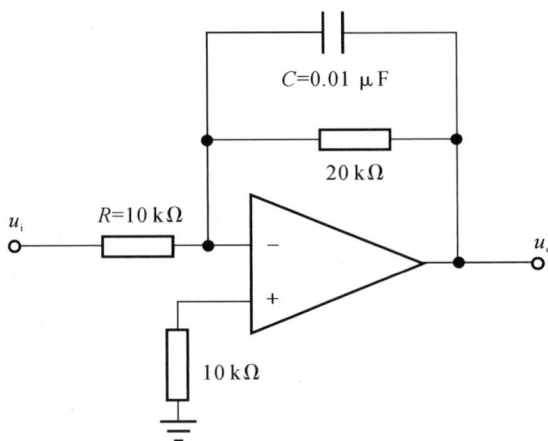

图 1-3-7　积分器实验电路图

(2)模块开电,将频率1 kHz的方波送入输入端,同时观察示波器输入、输出波形并比较,自行完成实验数据记录,完成表1-3-3。

表 1-3-3　积分器输入、输出关系

电阻、电容	输　入		输　出	
	电压/V	波　形	电压/V	波　形
$R_1 = 10$ kΩ				
$R_2 = 20$ kΩ				
$R = 10$ kΩ				
$C = 0.01$ μF				

五、实验报告

准确绘制各基本运算器输入、输出波形,标出峰-峰电压及周期。

实验四 有源、无源滤波器

一、实验目的

(1)熟悉滤波器的构成及幅频特性。
(2)掌握滤波器幅频特性的测试方法。

二、实验仪器

双踪示波器 1 台;
直流稳压源 1 台;
函数发生器 1 台;
定制实验箱 1 台。

三、实验原理

滤波器是一种能使有用频率信号通过而同时抑制(或大为衰减)无用频率信号的电子装置。工程上常用它进行信号处理、数据传送和抑制干扰等。滤波器分为模拟滤波器和数字滤波器,本节主要讨论模拟滤波器。

以往这种滤波电路主要采用无源元件 R、L 和 C 组成,20 世纪 60 年代以来,集成运算放大器(简称"运放")获得了迅速发展,由它和 R、C 组成的有源滤波电路具有不用电感、体积小、质量轻等优点。此外,由于集成运放的开环电压增益和输入阻抗均很高,输出阻抗又低,构成有源滤波电路后还具有一定的电压放大和缓冲作用,所以有源滤波器被大量地使用。当然有源模拟滤波器也有它的不足,由于集成运放的带宽有限,目前有源滤波电路的工作频率难以做得很高。

1. 滤波器的定义

滤波电路的一般结构如图 1-4-1 所示,图中的 $v_i(t)$ 为输入信号,$v_o(t)$ 为输出信号。

图 1-4-1 滤波器电路的一般结构

假设滤波器是一个线性时不变网络,则在复频域内有

$$A(s)=V_o(s)/V_i(s) \tag{1-4-1}$$

式中:$A(s)$ 是滤波电路的电压传递函数,一般为复数。对于实际频率($s=j\omega$)来说,则有

$$A(\mathrm{j}\omega) = |A(\mathrm{j}\omega)| e^{\mathrm{j}\varphi(\omega)} \qquad (1-4-2)$$

这里 $|A(\mathrm{j}\omega)|$ 为传递函数的模，$\varphi(\omega)$ 为其相位角。

二阶 RC 滤波器的传输函数见表 $1-4-1$。

表 $1-4-1$　二阶 RC 滤波器的传输函数

类　型	传输函数	备　注
低　通	$A(s) = \dfrac{A_V \omega_c}{s^2 + \dfrac{\omega_c}{Q}s + \omega_c^2}$	
高　通	$A(s) = \dfrac{A_V s^2}{s^2 + \dfrac{\omega_c}{Q}s + \omega_c^2}$	A_V——电压增益； ω_c——低、高通滤波器的截止角频率； ω_0——带阻塞、带阻滤波器的中心角频率；
带　通	$A(s) = \dfrac{A_V \dfrac{\omega_0}{Q}s}{s^2 + \dfrac{\omega_0}{Q}s + \omega_0^2}$	Q——品质因数，$Q \approx \omega_0/BW$ 或 f_0/BW（当 $BW \ll \omega_0$ 时）， BW 为带通、带阻滤波器的带宽
带　阻	$A(s) = \dfrac{A_V(s^2 + \omega_0^2)}{s^2 + \dfrac{\omega_0}{Q}s + \omega_0^2}$	

此外，在滤波电路中关心的另一个量是时延 $\tau(\omega)$，它定义为

$$\tau(\omega) = -\frac{\mathrm{d}\varphi(\omega)}{\mathrm{d}\omega}(s) \qquad (1-4-3)$$

通常用幅频响应来表征一个滤波电路的特性，使信号通过滤波器的失真小，则相位和时延响应也需要被考虑。当相位响应 $\varphi(\omega)$ 呈线性变化，即时延响应 $\tau(\omega)$ 为常数时，输出信号才可能避免失真。

2. 滤波电路的分类

对于幅频响应，通常把能够通过的信号频率范围定义为通带，把受阻或衰减的信号频率范围称为阻带，通带和阻带的界限频率叫作截止频率 f_c。

理想滤波电路在通带内应具有零衰减的幅频响应和线性的相位响应，而在阻带内应具有无限大的幅度衰减（$|A(\mathrm{j}\omega)|=0$）。通常根据通带和阻带的相互位置不同，滤波电路可分为以下几类。

（1）低通滤波器。其幅频响应如图 $1-4-2$(a)所示，图中 A_0 表示低频增益 $|A|$ 增益的幅值。由图可知，它的功能是通过从零到某一截止角频率 ω_H 的低频信号，而对大于 ω_H 的所有频率完全衰减，因此其带宽 $BW = \omega_H$。

（2）高通滤波器。其幅频响应如图 $1-4-2$(b)所示，由图可以看到，在 $0 < \omega < \omega_L$ 范围内的频率为阻带，高于 ω_L 的频率为通带。从理论上来说，它的带宽 $BW = \infty$，但实际上，由于受有源器件带宽的限制，高通滤波电路的带宽也是有限的。

（3）带通滤波器。其幅频响应如图 $1-4-2$(c)所示，图中 ω_L 为低边截止角频率，ω_H 为高边截止角频率，ω_0 为中心角频率。由图可知，它有 $0 < \omega < \omega_L$ 和 $\omega > \omega_H$ 两个阻带，因此带

宽 $BW=\omega_H-\omega_L$。

（4）带阻滤波器。其幅频响应如图 $1-4-2(d)$ 所示，由图可知，它有 $0<\omega<\omega_H$ 和 $\omega>\omega_L$ 两个通带，以及 $\omega_H<\omega<\omega_L$ 一个阻带。因此它的功能是衰减 $\omega_L\sim\omega_H$ 间的信号。与高通滤波电路相似，由于受有源器件带宽的限制，通带 $\omega>\omega_L$ 是有限的。带阻滤波电路抑制频带中点所在角频率 ω_0 也叫作中心角频率。

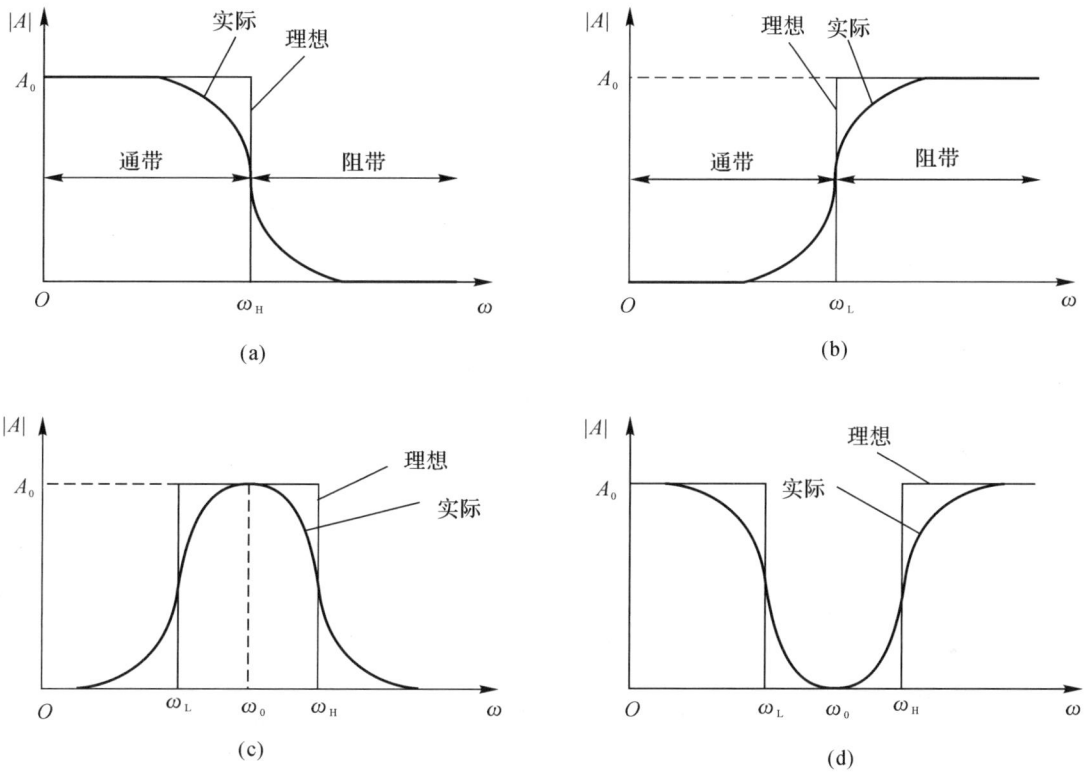

图 $1-4-2$　各种滤波电路的幅频响应
（a）低通滤波器（LPF）；　（b）高通滤波器（HPF）；
（c）带通滤波器（BPF）；　（d）带阻滤波器（BSF）

四、实验内容与步骤

实验中用函数发生器产生幅度为 4 V 的正弦波作为输入信号。

1. 测量低通滤波器的频响特性

（1）逐点测量法。

1）按照图 $1-4-3$，模块关电，将输入信号连接滤波器模块 S3 中 P_1（低通无源），保持输入信号幅度为 4 V 不变。

2）模块开电，逐渐改变输入信号频率，并用示波器观测 TP_2 处信号波形的峰-峰值，观测低通滤波器的截止频率。

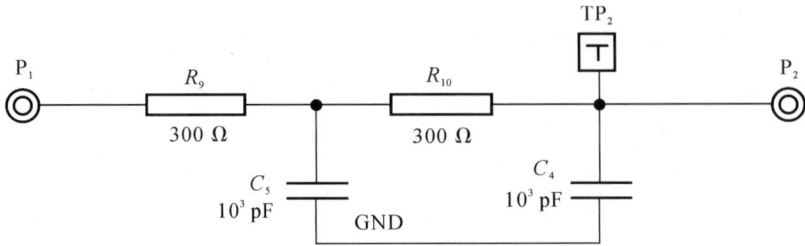

图 1 − 4 − 3　无源低通滤波器

3)将数据填入表 1 − 4 − 2 中。

表 1 − 4 − 2　低通无源滤波器逐点测量法

V_i/V	4	4	4	4	4	4	4	4	4	4
f/Hz										
V_o/V										
截止频率										

4)按照图 1 − 4 − 4,模块关电,将输入信号连接滤波器模块 Ⓢ₃ 中 P₂ 与 Ⓢ₃ 模块中 P₅ (低通有源)。

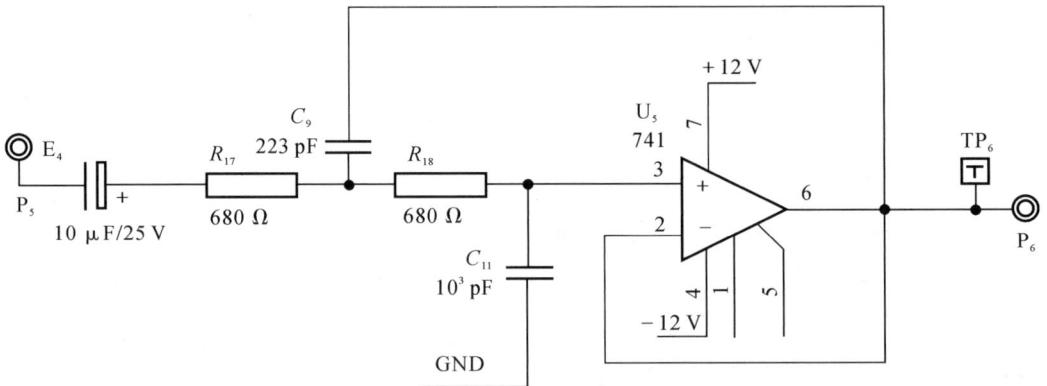

图 1 − 4 − 4　有源低通滤波器

5)逐渐改变输入信号频率,并用示波器观测 TP_6 处信号波形的峰−峰值,观测低通有源滤波器的截止频率。

6)将数据填入表 1 − 4 − 3 中。

表 1 − 4 − 3　低通有源滤波器逐点测量法

V_i/V	4	4	4	4	4	4	4	4	4	4
f/Hz										
V_o/V										
截止频率										

（2）扫频测量法。

1）扫频测量法原理。扫频信号是频率在一定范围内信号的混合,在它经过滤波器后,对比分析输入和输出信号的频率和幅度,就可以知道滤波器的特性。

2）扫频信号设置方法。

● 将模块 S2 中扫频开关 S_3 拨至"ON",按下"扫频设置"按钮 S_5。

● 此时"下限"指示灯亮,调节"ROL1"调节旋钮设置扫频下限频率。

● 再次按下"扫频设置"按钮,"上限"指示灯亮,调节"ROL1"调节旋钮设置扫频上限频率。

● 扫频范围设置完成后,再按一下"扫频设置"按钮,此时"分辨率"指示灯会亮,可配合"ROL1"进行扫频分辨率的设置。

具体的设置方法如下:①当"分辨率"指示灯亮的时候,扫频范围上方"上限"和"下限"的指示灯会亮,而频率计上数码管右方的"MHz""Hz"的指示灯会熄灭;②调节"ROL1"来设置"下限频率"和"上限频率"之间的频点数。

一般而言,频点数越少,扫频速度越快;反之,扫频速度越慢。扫频参数设置好后,再按下"扫频设置"即可输出扫频信号。将扫频范围设置为 100 Hz~25 kHz,把示波器连接到信号源上输出 P_2 处(示波器调为直流测试挡),此时点 P_2 输出扫频信号。

3）模块关电,分别把模块 S2 中 P_2 输出的扫频信号输入到模块 S3 低通滤波器的输入端 P_1 和 P_5,模块开电,对比观察输入、输出信号。

2. 测量高通滤波器的频响特性

（1）逐点测量法。

1）按照图 1-4-5,模块关电,保持信号源输出的正弦信号幅度不变,连接 S2 模块中模拟信号源部分 P_2 与 S3 模块中模拟滤波器中的 P_3（高通无源）端口。

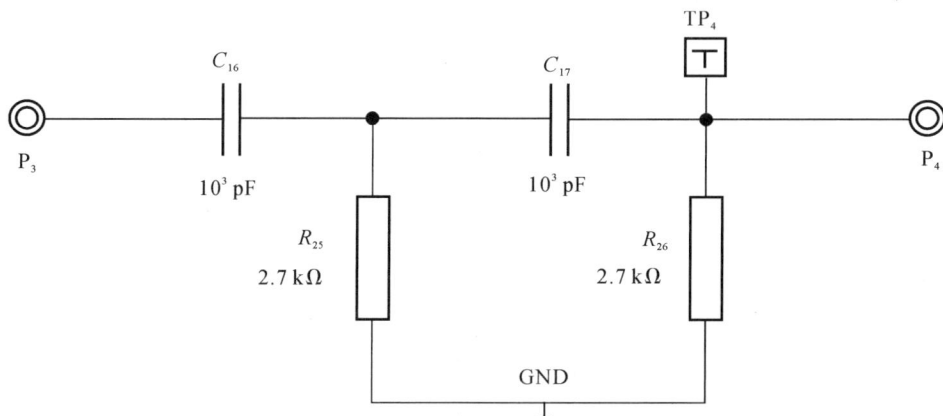

图 1-4-5 高通无源滤波器

2）模块开电,逐渐改变输入信号频率,并用示波器观测 TP_4 处信号波形的峰-峰值。

3）将数据填入表 1-4-4 中。

表 1-4-4　高通无源滤波器逐点测量法

V_i/V	4	4	4	4	4	4	4	4	4	4
f/Hz										
V_o/V										
截止频率										

4)按照图 1-4-6,模块关电,连接模块 ⑤2 中模拟信号输出端 P_2 与模块 ⑤3 中模拟滤波器中的 P_7(高通有源)。

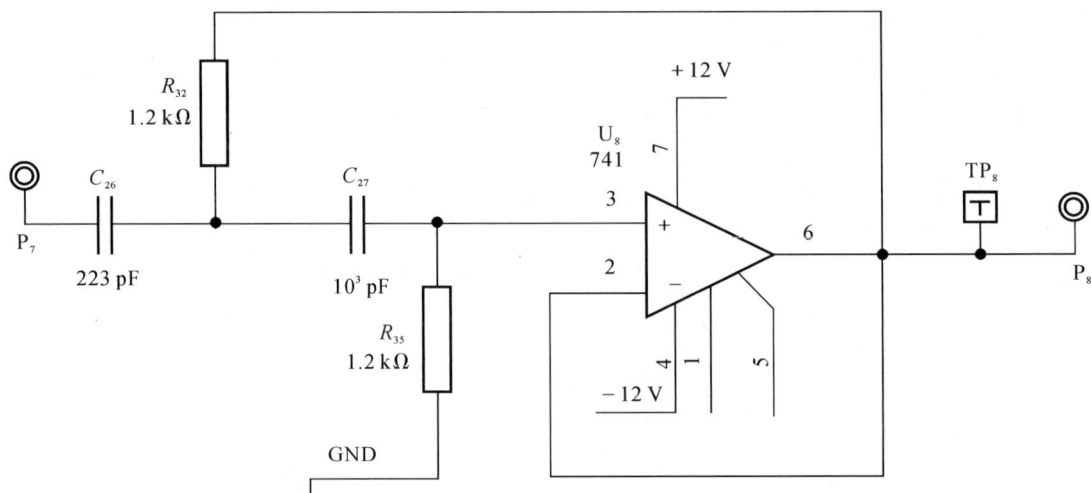

图 1-4-6　高通有源滤波器

5)模块开电,逐渐改变输入信号频率,并用示波器观测 TP_8 处信号波形的峰-峰值。

6)将数据填入表 1-4-5 中。

表 1-4-5　高通有源滤波器逐点测量法

V_i/V	4	4	4	4	4	4	4	4	4	4
f/Hz										
V_o/V										
截止频率										

(2)扫频测量法。将扫频范围设置为 100 Hz～25 kHz,把示波器连接到信号源上输出 P_2 处(示波器调为直流测试挡),此时点 P_2 输出扫频信号。

模块关电,把扫频信号输入到高通滤波器的输入端,模块开电,对比观察输入、输出信号。

3. 测量带通滤波器的频响特性

(1)逐点测量其幅频响应。

1)按照图1-4-7,模块关电,保持信号源输出的正弦信号幅度不变,连接模块 Ⓢ2 中 P_2 与模块 Ⓢ3 中模拟滤波器中的 P_9(带通无源)。

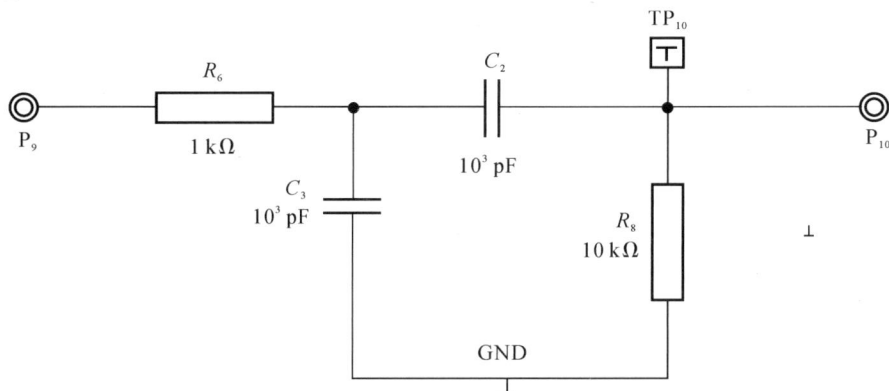

图1-4-7 带通无源滤波器

2)模块开电,逐渐改变输入信号频率,并用示波器观测 TP_{10} 处信号波形的峰–峰值。

3)将数据填入表1-4-6中。

表1-4-6 带通无源滤波逐点测量法

V_i/V	4	4	4	4	4	4	4	4	4	4
f/Hz										
V_o/V										
截止频率										

4)按照图1-4-8,模块关电,保持信号源输出的正弦波幅度为 4 V 不变,连接模块 Ⓢ2 中 P_2 与模块 Ⓢ3 中模拟滤波器中的 P_{13}(带通有源)。

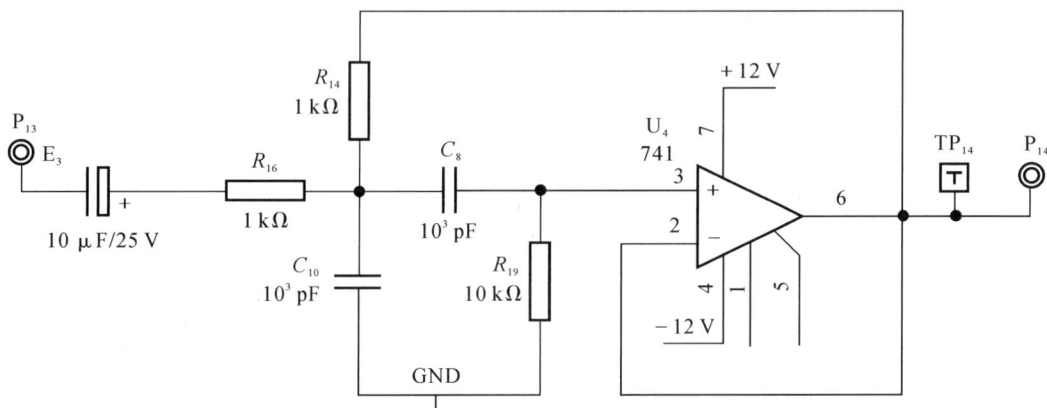

图1-4-8 带通有源滤波器

5)模块开电,逐渐改变输入信号频率,并用示波器观测 TP_{14} 处信号波形的峰–峰值。

6)将数据填入表 1 - 4 - 7 中。

表 1 - 4 - 7　带通有源滤波逐点测量法

V_i/V	4	4	4	4	4	4	4	4	4
f/Hz									
V_o/V									
截止频率									

（2）扫频测量法。将扫频范围设置为 100 Hz～25 kHz,把示波器连接到信号源上输出 P_2 处(示波器调为直流测试挡),此时点 P_2 输出扫频信号。

把扫频信号输入到带通滤波器的输入端,对比观察输入、输出信号。

4. 测量带阻滤波器的频响特性

（1）逐点测量法。

1)按照图 1 - 4 - 9,模块关电,保持信号源输出的正弦信号幅度不变,连接模块 ⑤2 中 P_2 与模块 ⑤3 中模拟滤波器中的 P_{11}(带阻无源)。

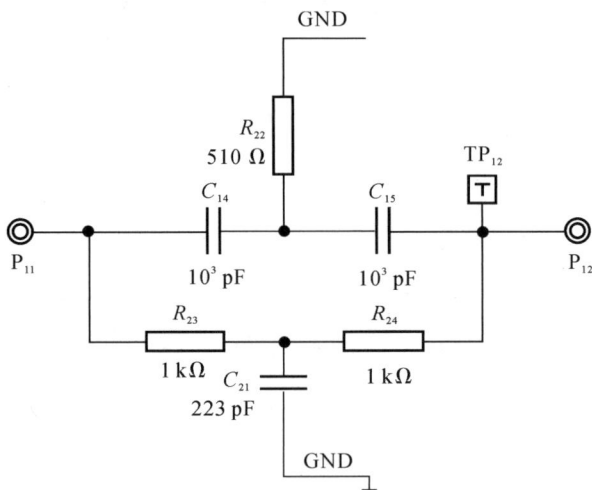

图 1 - 4 - 9　带阻无源滤波器

2)模块开电,逐渐改变输入信号频率,并用示波器观测 TP_{12} 处信号波形的峰-峰值。

3)将数据填入表 1 - 4 - 8 中。

表 1 - 4 - 8　带阻无源滤波逐点测量法

V_i/V	4	4	4	4	4	4	4	4	4	4
f/Hz										
V_o/V										
截止频率										

4)按照图 1-4-10,模块关电,保持信号源输出的正弦信号幅度 4 V 不变,连接模块 Ⓢ2 中 P_2 与模块 Ⓢ3 中模拟滤波器中的 P_{15}(带阻有源)。

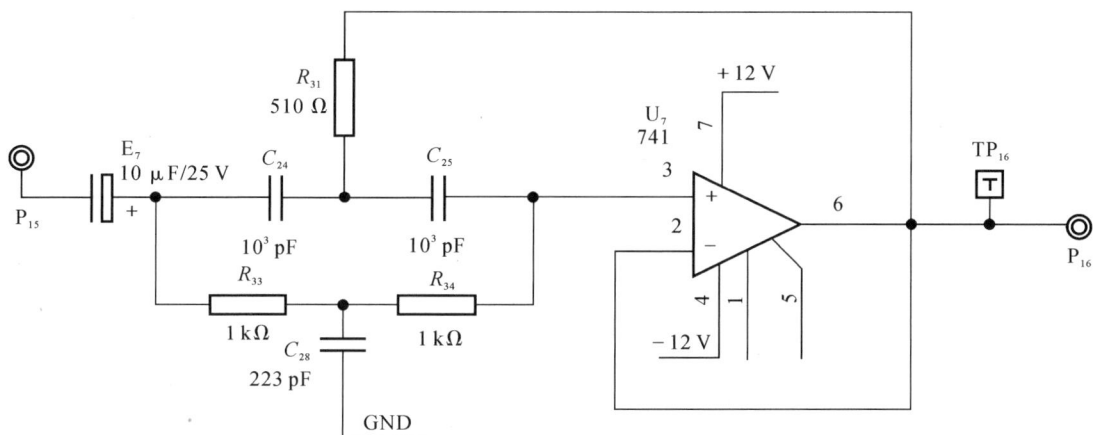

图 1-4-10　带阻有源滤波器

5)模块开电,逐渐改变输入信号频率,并用示波器观测 TP_{16} 处信号波形的峰-峰值。

6)将数据填入表 1-4-9 中。

表 1-4-9　带阻有源滤波逐点测量法

V_i/V	4	4	4	4	4	4	4	4	4	4
f/Hz										
V_o/V										
截止频率										

(2)扫频测量法。将扫频范围设置为 100 Hz~80 kHz,把示波器连接到信号源上输出 P_2 处(示波器调为直流测试挡),此时点 P_2 输出扫频信号。

模块关电,把扫频信号输入到带阻滤波器的输入端,模块开电,对比观察输入、输出信号。

五、实验报告

整理实验数据,并根据测试所得的数据绘制各个滤波器的幅频响应曲线。

实验五　抽样定理与信号恢复

一、实验目的

(1)了解信号抽样以及恢复的过程。

(2)验证抽样定理的条件。

(3)观察离散信号的频谱,了解其频谱特点。

二、实验仪器

双踪示波器 1 台；
直流稳压源 1 台；
函数发生器 1 台；
定制实验箱 1 台。

三、实验原理

1. 信号的抽样

离散信号不仅可从离散信号源获得，还可以通过对连续信号进行抽样获得。抽样信号可以表示为

$$F_s(t) = F(t) \cdot S(t) \tag{1-5-1}$$

式中：$F(t)$ 为连续信号；$S(t)$ 是周期为 T_s 的矩形窄脉冲；T_s 又称抽样间隔；$F_s = \dfrac{1}{T_s}$ 称抽样频率；$F_s(t)$ 为抽样信号波形。

以三角波为例，$F(t)$、$S(t)$、$F_s(t)$ 的波形分别如图 1-5-1(a)(b)(c)所示。

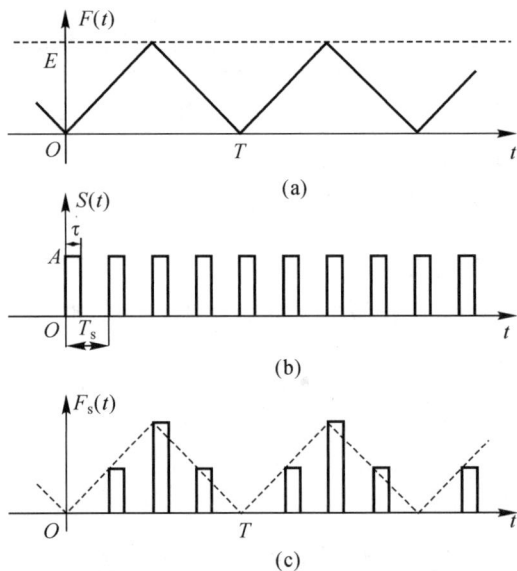

(a)

(b)

(c)

图 1-5-1 连续信号抽样过程

由于冲击信号在实际中无法实现，所以采用周期矩形脉冲信号模拟抽样信号，具体可通过抽样器来实现。

2. 采样信号的频谱

连续周期信号经周期矩形脉冲抽样后，抽样信号的频谱为

$$F_s(j\omega) = \frac{A\tau}{T} \sum_{m=-\infty}^{+\infty} Sa\left(\frac{m\omega_s \tau}{2}\right) F(\omega - m\omega_s) \tag{1-5-2}$$

抽样信号的频谱包含了原信号频谱及重复周期为 f_s($f_s=\omega_s/2\pi$)、幅度按 $\dfrac{A\tau}{T}Sa(m\omega_s\tau/2)$ 规律变化的原信号频谱,即抽样信号的频谱是原信号频谱的周期性延拓。因此,抽样信号占有的频带比原信号频带宽得多。

以三角波矩形脉冲抽样为例,周期三角波的傅里叶变换为

$$F(\mathrm{j}\omega)=E\pi\sum_{k=-\infty}^{+\infty}Sa^2\frac{k\pi}{2}\delta(\omega-k\omega_0)=\begin{cases}\dfrac{4E}{\pi k^2}\displaystyle\sum_{k=-\infty}^{+\infty}\delta(\omega-k\omega_0),&k\text{ 为奇数}\\[3mm]\pi\delta(\omega),&k=0\\[2mm]0,&k=\text{不为0的偶数}\end{cases}\qquad(1-5-3)$$

它的频谱图如图 $1-5-2$ 所示。

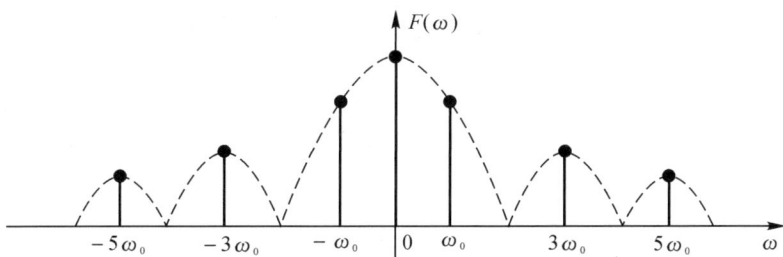

图 $1-5-2$ 三角波频谱

经过抽样后的频谱为

$$F_s(\mathrm{j}\omega)=\begin{cases}\dfrac{A\tau}{T}4E\displaystyle\sum_{\substack{k,m=-\infty\\k\neq0}}^{+\infty}\frac{1}{\pi k^2}Sa\left(\frac{m\omega_s}{2}\right)\sigma(\omega-k\omega_0-m\omega_s),&k\text{ 为奇数}\\[5mm]\dfrac{A\tau}{T}\pi E\displaystyle\sum_{m=-\infty}^{+\infty}Sa\left(\frac{m\omega_s\tau}{2}\right)\sigma(\omega-m\omega_s),&k=0\end{cases}\qquad(1-5-4)$$

取三角波的有效带宽为 $3\omega_0$,采样信号频谱如图 $1-5-3$ 所示。

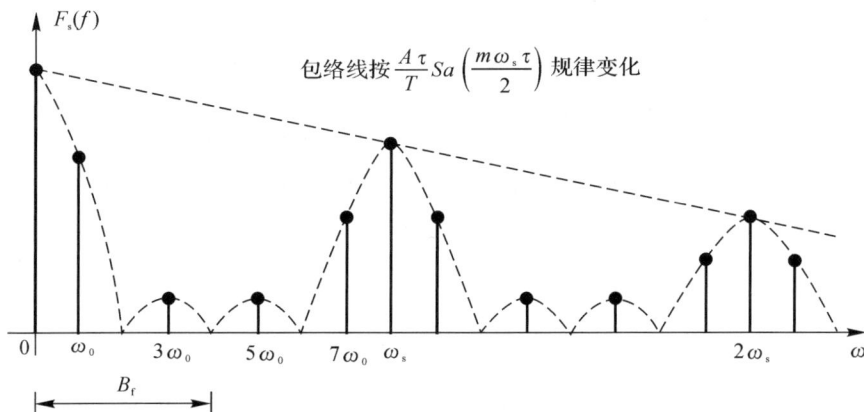

图 $1-5-3$ 采样信号频谱图

如果离散信号是由周期连续信号抽样而得的,则其频谱的测量与周期连续信号方法相

同,但应注意频谱的周期性延拓。

3. 抽样定理

抽样信号在一定条件下可以恢复出原信号,其条件是 $f_s \geqslant 2B_f$,其中 f_s 为抽样频率,B_f 为原信号占有频带宽度。由于抽样信号频谱是原信号频谱的周期性延拓,所以,只要通过一个截止频率为 $f_c (f_m \leqslant f_c \leqslant f_s - f_m$,$f_m$ 是原信号频谱中的最高频率)的低通滤波器就能恢复出原信号。

如果 $f_s < 2B_f$,则抽样信号的频谱将出现混迭,此时将无法通过低通滤波器获得原信号。

在实际信号中,仅含有限频率成分的信号是极少的,大多信号的频率成分是无限的,并且实际低通滤波器在截止频率附近频率特性曲线不够陡峭(见图 1-5-4),若使 $f_s = 2B_f$,$f_c = f_m = B_f$,恢复出的信号难免有失真的情况发生,所以为了减小失真,应将抽样频率 f_s 取高 $(f_s > 2B_f)$,这种情况被称为信号的过采样,低通滤波器满足 $f_m < f_c < f_s - f_m$。

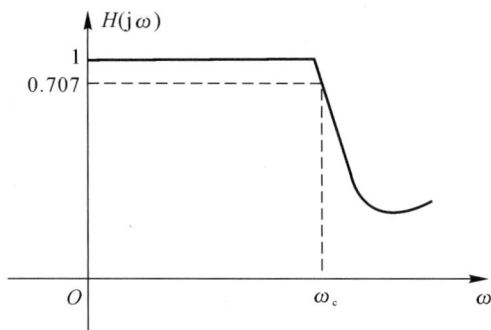

图 1-5-4 实际低通滤波器在截止频率附近频率特性曲线

4. 实验说明

信号抽样及恢复的过程如图 1-5-5 所示,连续信号 $F(t)$ 经抽样器进行抽样处理,抽样输出的信号 $F_s(t)$ 再经过低通滤波器,输出信号 $F'(t)$。当抽样时钟频率满足抽样定理时,就能做到从 $F_s(t)$ 中恢复出原始的连续信号 $F(t)$。

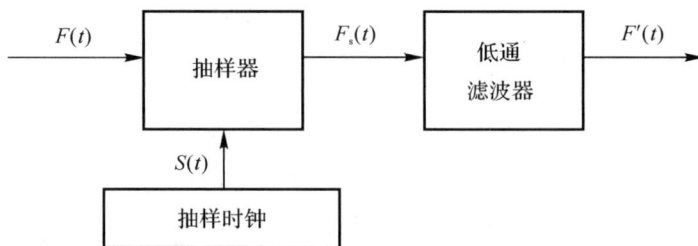

图 1-5-5 信号自然抽样及恢复流程图

对于抽样分为同步抽样和异步抽样两种方式,其中同步抽样是指抽样时钟与连续信号是由同一晶振源产生的,而异步抽样是指连续信号与抽样时钟是不同源的关系。

本实验在信号恢复的过程中,采用 8 阶有源低通滤波器对抽样后的信号进行滤波恢复,滤波器电路原理图如图 1-5-6 所示。

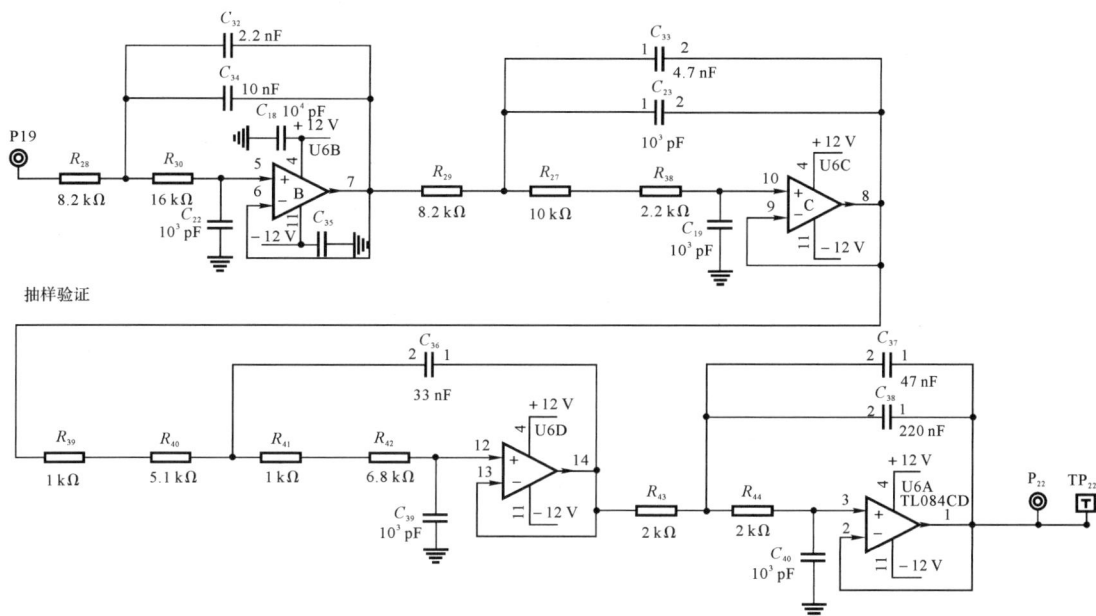

图 1－5－6 有源低通滤波器电路原理图

如果改变抽样时钟频率,低通滤波器的幅频特性会有所改变,图 1－5－7～图 1－5－14 所示分别为抽样时钟频率为 1 kHz、2 kHz、4 kHz、8 kHz、16 kHz、32 kHz、64 kHz、128 kHz 的低通滤波器的幅频特性曲线。

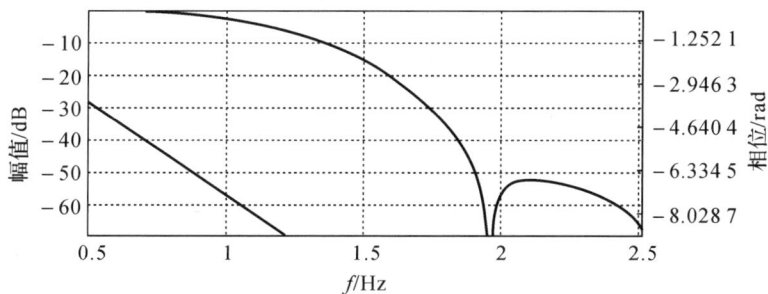

图 1－5－7 1 kHz 低通滤波器幅频特性曲线

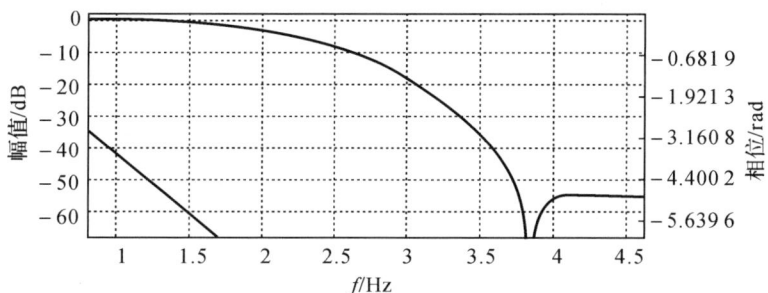

图 1－5－8 2 kHz 低通滤波器幅频特性曲线

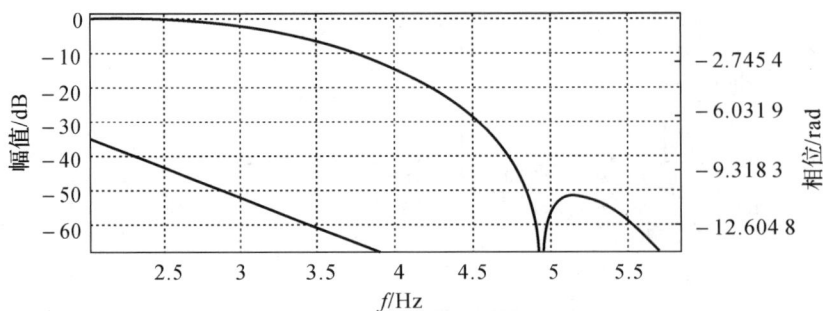

图 1-5-9　4 kHz 低通滤波器幅频特性曲线

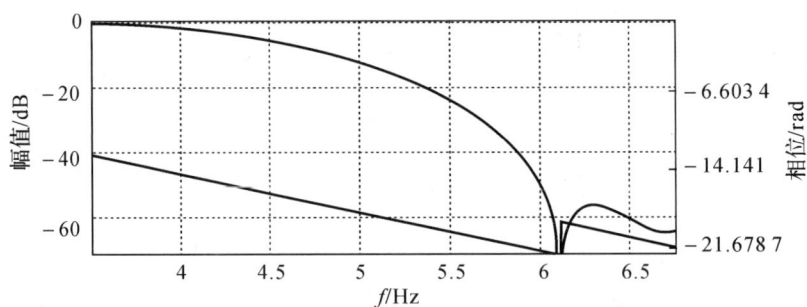

图 1-5-10　8 kHz 低通滤波器幅频特性曲线

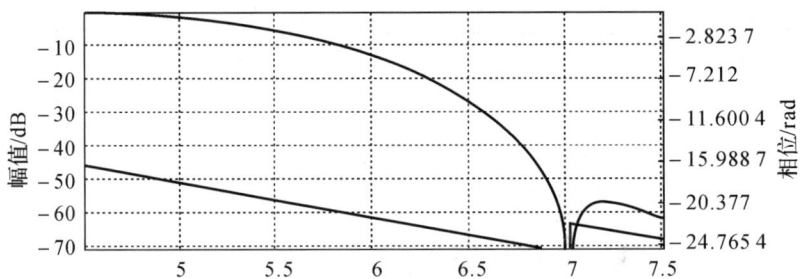

图 1-5-11　16 kHz 低通滤波器幅频特性曲线

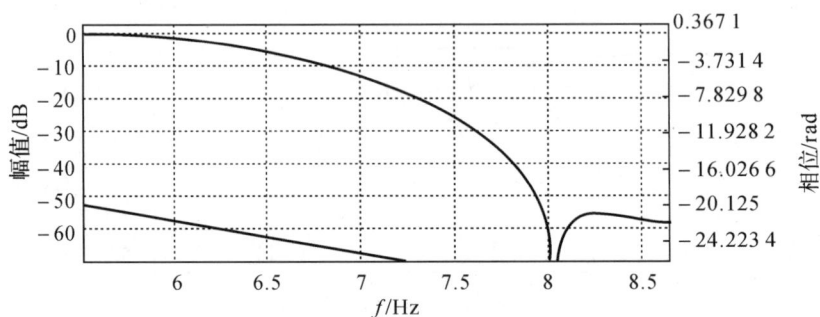

图 1-5-12　32 kHz 低通滤波器幅频特性曲线

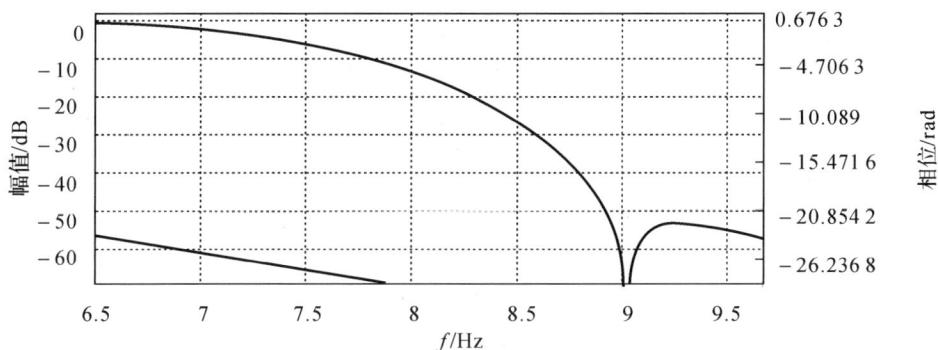

图 1-5-13 64 kHz 低通滤波器幅频特性曲线

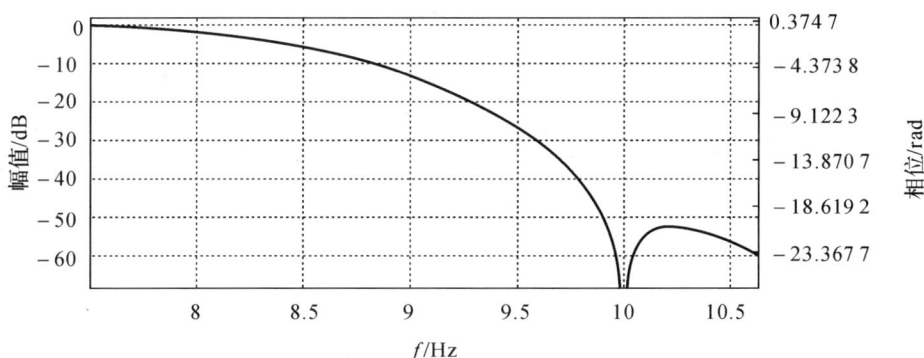

图 1-5-14 128 kHz 低通滤波器幅频特性曲线

四、实验内容与步骤

1. 观察抽样信号波形

（1）将模块 S_2 中的扫频开关 S_3 置为"OFF"，调节模拟信号源上的"ROL1"旋钮和"模拟输出幅度调节"旋钮，使 P_2 处输出频率 1 kHz、幅度 2 V 的正弦波。

（2）连接模拟信号源输出端 P_2 与抽样定理模块 S_3 的连续信号输入点 P_1。

（3）将开关 S_2 拨至"异步"，用示波器观察 TP_{20} 处抽样信号输出波形，调整电位器 W_1 改变抽样频率，观察抽样信号的变化情况。

（注：这里"异步"，是指产生被抽样信号的发生器时钟与开关信号的产生时钟不是同一时钟源，是为了贴近实际的信号抽样过程，并且抽样频率连续可调，但不便于用示波器观察到稳定的抽样信号；这里"同步"，是指产生被抽样信号的发生器时钟与开关信号的产生时钟是同一时钟源，便于观察到稳定的抽样信号，对比信号抽样前后及恢复信号的波形。）

（4）将开关 S_2 拨至"同步"，连接信号源及频率计模块 S_2 中 P_5 与抽样定理模块 S_3 上外部开关输入点 P_{18}。用示波器的两通道分别观察模拟信号输出端 P_2、抽样信号输出波形

TP_{20},调整按钮 S_7 改变抽样频率,观察抽样信号的变化情况。完成表 1-5-1。

表 1-5-1 信号抽样

抽样频率	$F_s(t)$抽样信号波形
1 kHz	
2 kHz	
4 kHz	
8 kHz	

2. 验证抽样定理与信号恢复

(1)继续连线,连接模块 ⑤ 的 P_{20} 和 P_{19}。

(2)用示波器接原始抽样信号输入点 TP_{17}、恢复信号输出点 TP_{22}。

(3)改变抽样时钟信号,对比观察信号恢复情况。

以"同步"方式进行抽样为例,并完成下列观察任务。完成表 1-5-2。

表 1-5-2 信号恢复

输入信号频率	抽样频率	原始信号输入	恢复信号输出
1 kHz	1 kHz		
1 kHz	2 kHz		
1 kHz	4 kHz		
1 kHz	8 kHz		

五、实验报告

(1)整理数据并填写表格,总结离散信号频谱的特点。

(2)总结在抽样及恢复过程中,抽样率和滤波器分别对系统的影响。

实验六　一阶电路暂态响应

一、实验目的

(1)掌握一阶电路响应的原理。

(2)观测一阶电路的时间常数 τ 对电路暂态过程的影响。

二、实验仪器

双踪示波器1台;

直流稳压源 1 台；

函数发生器 1 台；

定制实验箱 1 台。

三、实验原理

含有 L、C 储能元件的电路通常用微分方程来描述，电路的阶数取决于微分方程的阶数。凡是用一阶微分方程描述的电路称为一阶电路。一阶电路由一个储能元件和电阻组成，具有 RC 电路和 RL 电路两种组合。图 1-6-1 和图 1-6-2 分别描述了 RC 电路与 RL 电路的连接示意图。

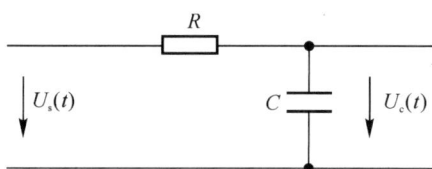

图 1-6-1 RC 电路连接示意图   图 1-6-2 RL 电路连接示意图

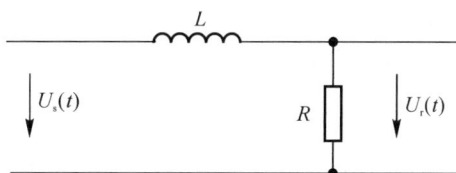

根据给定的初始条件和列写出的一阶微分方程以及激励信号，可以求得一阶电路的零输入响应和零状态响应。当系统的激励信号为阶跃函数时，其零状态电压响应一般可表示为下列两种形式：

$$u(t) = U_0 e^{-\frac{t}{\tau}}, \quad t \geq 0 \tag{1-6-1}$$

$$u(t) = U_0 (1 - e^{-\frac{t}{\tau}}), \quad t \geq 0 \tag{1-6-2}$$

式中：τ 为电路的时间常数，在 RC 电路中，$\tau = RC$；在 RL 电路中，$\tau = L/R$。零状态电流响应的形式与之相似（理论值）。

τ 值的测量方法：当电路两端加电压为 U_s 的激励时，储能元件两端的电压从 0 升到 $0.7U_s$ 所经历的时间，即为电路的时间常数 τ（测量值）。

本实验的电路图如图 1-6-3 和图 1-6-4 所示。

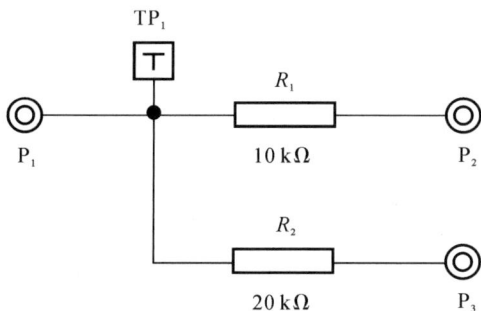

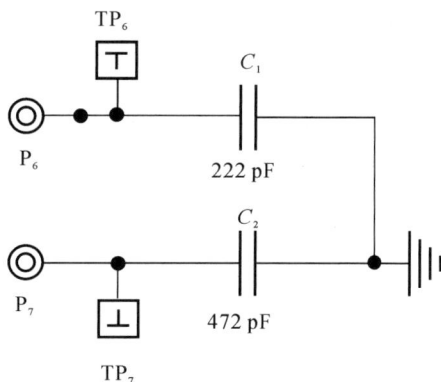

图 1-6-3 RC 一阶电路实验连接图

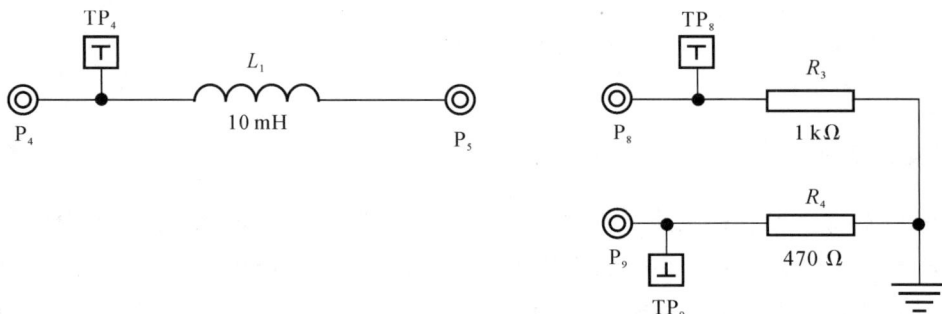

图 1-6-4 RL 一阶电路实验连接图

四、实验内容与步骤

一阶电路的零状态响应,是系统在无初始储能或状态为零的情况下,仅由外加激励源引起的响应。为了能够在仪器上看到稳定的波形,通常用周期性变化的方波信号作为电路的激励信号。此时电路的输出即可以看成是脉冲序列作用于一阶电路,也可看成是研究一阶电路的直流暂态特性。即用方波的前沿来代替单次接通的直流电源,用方波的后沿来代替单次断开的直流电源。方波的半个周期应大于被测一阶电路的时间常数 3~5 倍;当方波的半个周期小于被测电路时间常数 3~5 倍时,情况则较为复杂。

本实验中的暂态响应是指系统受输入方波影响,储能元件两端的电压从 0 升至平稳这一段状态的响应。

1. 一阶 RC 电路的观测

实验电路连接图如图 1-6-3 所示,函数发生器输出频率为 2.5 kHz 的方波。

(1)将方波输入到一阶网络模块 ⑤ 中的 P_1;

(2)连接 P_2 与 P_6;

(3)根据 R、C 计算出时间常数 τ;

(4)根据实际观测到的波形计算出实测的时间常数 τ;

(5)把"P_2 与 P_6"间的连线改变为"P_2 连 P_7"或"P_3 连 P_6"或"P_3 连 P_7"(注:当连接点改在 P_7 时,输出测量点应该在 TP_7);

(6)重复上面的实验过程,将结果填入表 1-6-1 中。

表 1-6-1 一阶 RC 电路

连接点	$R/\text{k}\Omega$	C/pF	$\tau = RC/\mu\text{s}$	实测 τ 值	测量点
P_2—P_6	10	2 200			TP_6
P_2—P_7	10	4 700			TP_7
P_3—P_6	20	2 200			TP_6
P_3—P_7	20	4 700			TP_7

2. 一阶 RL 电路的观测

实验电路连接图如图 1-6-4 所示,函数发生器输出频率为 2.5 kHz 的方波。

(1)将方波连接到一阶网络模块 (S5) 中的 P_4;

(2)连接 P_5 与 P_8;

(3)根据 R、L 计算出时间常数 τ;

(4)根据实际观测到的波形计算出实测的时间常数 τ;

(5)把"P_5 与 P_8"间的连线改变为"P_5 连 P_9",此时输出测量点也相应地改为 TP_9;

(6)重复上面的实验过程,将结果填入表 1-6-2。

表 1-6-2　一阶 RL 电路

连接点	$R/k\Omega$	L/mH	$\tau=L/R/\mu s$	实测 τ 值	测量点
P_5—P_8	1	10			TP_8
P_5—P_9	0.47	10			TP_9

五、实验报告

(1)将实验测算出的时间常数分别填入表 1-6-1 与表 1-6-2 中,并与理论计算值比较。

(2)画出方波信号作用下 RC 电路、RL 电路各状态下的响应电压的波形(绘图时注意波形的对称性)。

实验七　二阶电路暂态响应

一、实验目的

观测 RLC 电路中元件参数对电路暂态的影响。

二、实验仪器

双踪示波器 1 台;
直流稳压源 1 台;
函数发生器 1 台;
定制实验箱 1 台。

三、实验原理

1. RLC 电路的暂态响应

可用二阶微分方程来描绘的电路称为二阶电路,即含有两个储能元件的电路被称为二阶电路,以 RLC 电路为例,由于 RLC 电路中包含有不同性质的储能元件,受到激励后,电场储能与磁场储能将会相互转换,形成振荡。如果电路中存在电阻,那么储能将不断地被电阻消耗,因而振荡是减幅的,称为阻尼振荡或衰减振荡。如果电阻较大,则储能在初次转移时,它的大部分就可能被电阻所消耗,不产生振荡。因此,RLC 电路的响应有欠阻尼、临界阻尼和过阻

尼三种情况。在 RLC 串联电路中,ω 为回路的谐振角频率,α 为回路的衰减常数,有

$$\omega_0 = \frac{1}{\sqrt{LC}} \qquad\qquad (1-7-1)$$

$$\alpha = \frac{R}{2L} \qquad\qquad (1-7-2)$$

当阶跃信号 $u_s(t) = U_s(t \geq 0)$ 加在 RLC 串联电路输入端,其输出电压波形 $u_c(t)$,由下列公式表示:

(1)当 $\alpha^2 < \omega_0{}^2$,即 $R < 2\sqrt{\dfrac{L}{C}}$ 时,电路处于欠阻尼状态,其响应是振荡性的。其衰减振荡的角频率 $\omega_d = \sqrt{\omega_0{}^2 - \alpha^2}$。此时有

$$u_c(t) = \left[1 - \frac{\omega_0}{\omega_d}e^{-at}\cos(\omega_d t - \theta)\right]U_s, \quad t \geq 0 \qquad (1-7-3)$$

其中

$$\theta = \arctan\frac{\alpha}{\omega_d}$$

(2)当 $\alpha^2 = \omega_0{}^2$,即 $R = 2\sqrt{\dfrac{L}{C}}$ 时,其电路响应处于临近振荡的状态,称为临界阻尼状态。此时有

$$u_c(t) = \left[1 - (1 + \alpha t)e^{-at}\right]U_s, \quad t \geq 0 \qquad (1-7-4)$$

(3)当 $\alpha^2 > \omega_0{}^2$,即 $R > 2\sqrt{\dfrac{L}{C}}$ 时,响应为非振荡性的,称为过阻尼状态。此时有

$$u_c(t) = \left[1 - \frac{\omega_0}{\sqrt{\alpha^2 - \omega_0{}^2}}e^{-at}\sinh(\sqrt{\alpha^2 - \omega_0{}^2}\,t + x)\right]U_s, \quad t \geq 0 \qquad (1-7-5)$$

其中

$$x = \tanh^{-1}\sqrt{1 - \left(\frac{\omega_0}{\alpha}\right)^2}$$

2. 矩形信号通过 RLC 串联电路

由于使用示波器观察周期性信号波形稳定且易于调节,所以在实验中采用周期矩形信号作为输入信号,RLC 串联电路响应的三种情况可用图 1-7-1 来表示。

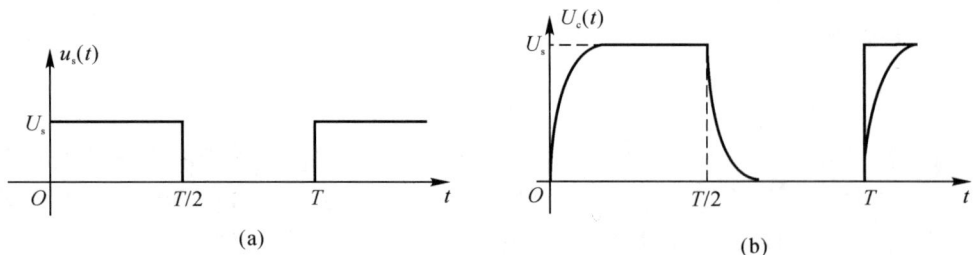

图 1-7-1 RLC 串联电路的暂态响应

(a)输入矩形波; (b)临界阻尼波形

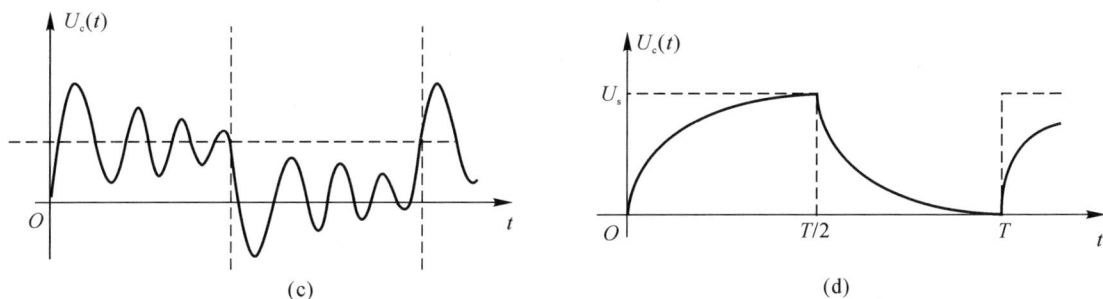

续图 1-7-1 RLC 串联电路的暂态响应

(c)欠阻尼波形； (d)过阻尼波形

图 1-7-2 为 RLC 串联电路连接示意图,图 1-7-3 为实验电路图。

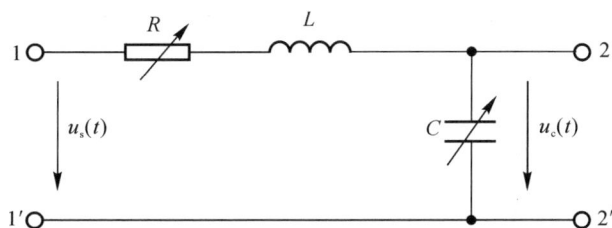

图 1-7-2 RLC 串联电路

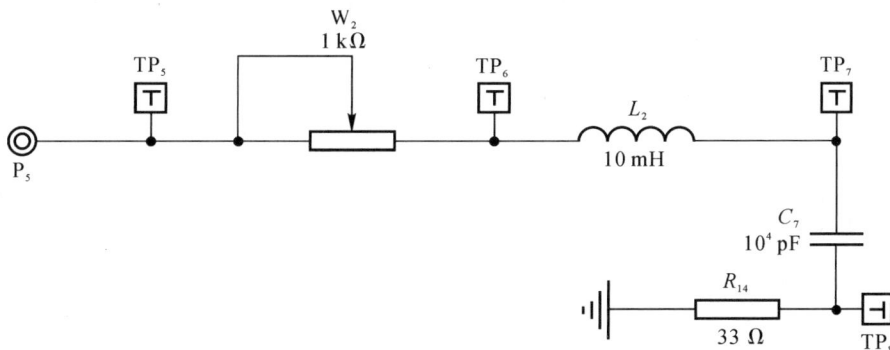

图 1-7-3 二阶暂态响应实验电路图

四、实验内容与步骤

二阶电路暂态响应:将频率为 1 kHz 的方波输入至 P_5 端,用示波器在测量点 TP_7 上观测 $u_c(t)$ 的暂态波形。

1. 观测 $u_c(t)$ 的波形

RLC 串联电路中的电感 $L=10$ mH,电阻 $R=100$ Ω,电容 $C=0.1$ μF,观察示波器上 $u_c(t)$ 波形的变化,并描绘其波形图,与理论计算值进行比较。

保持 $L=10$ mH,$C=0.1$ μF,改变电阻 R,由 100 Ω 逐步增大,观察其 $u_c(t)$ 波形变化的情况,观测 RLC 串联电路欠阻尼、临界、过阻尼三种振荡状态下 $u_c(t)$ 的波形。

2. 记录数据并画出波形

记下临界阻尼状态时 R 的阻值,并描绘其 $u_c(t)$ 的波形。完成表 1-7-1。

表 1-7-1　$u_c(t)$ 波形

R 的阻值	$u_c(t)$ 波形
100 Ω	
300 Ω	
500 Ω	
700 Ω	
1 kΩ	

五、实验报告

描绘 RLC 串联电路欠阻尼、临界、阻尼三种振荡状态下的 $u_c(t)$ 波形图,并将各实测数据列写成表,与理论计算值进行比较。

实验八　信号卷积实验

一、实验目的

(1)理解卷积的概念及物理意义。
(2)通过实验的方法加深对卷积运算的图解方法及结果的理解。

二、实验仪器

双踪示波器 1 台;
直流稳压源 1 台;
函数发生器 1 台;
定制实验箱 1 台。

三、实验原理

卷积积分的物理意义是将信号分解为冲激信号之和,借助系统的冲激响应,求解系统对任意激励信号的零状态响应。

设系统的激励信号为 $x(t)$,冲激响应为 $h(t)$,则系统的零状态响应为

$$f(t) = x(t) * h(t) = \int_{-\infty}^{+\infty} x(\tau)h(t-\tau)\mathrm{d}\tau \qquad (1-8-1)$$

对于任意两个信号 $f_1(t)$ 和 $f_2(t)$，两者做卷积运算定义为

$$f_1(t) * f_2(t) = f_2(t) * f_1(t) \qquad\qquad (1-8-2)$$

1. 两个矩形脉冲信号的卷积过程

两信号 $x(t)$ 与 $h(t)$ 都为矩形脉冲信号，如图 $1-8-1$ 所示。下面由图解的方法（见图 $1-8-1$）给出两个信号的卷积过程和结果，以便与实验结果进行比较。

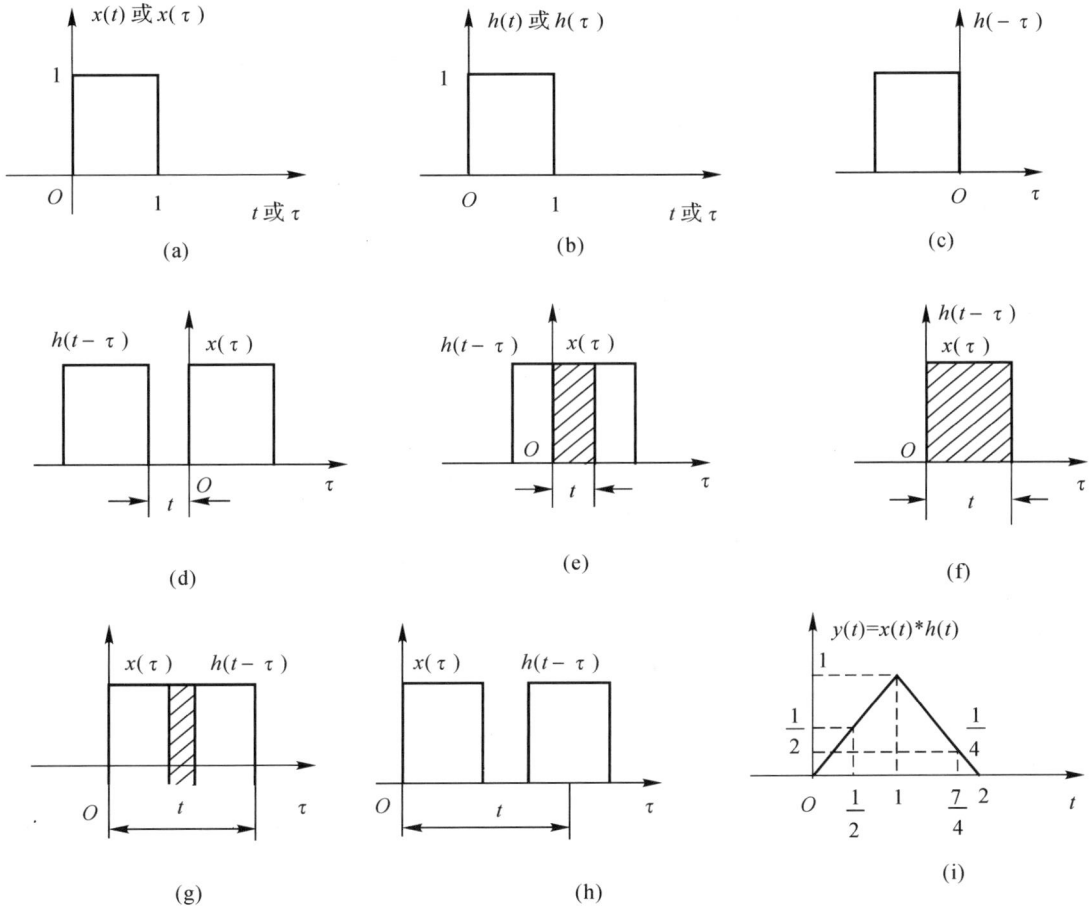

图 $1-8-1$ 两矩形脉冲的卷积积分的运算过程与结果

图解法的一般步骤为：

置换 $(t \rightarrow \tau)$，即 $f_1(t) \rightarrow f_1(\tau)$，$f_2(t) \rightarrow f_2(\tau)$；

反褶 $(\tau \rightarrow -\tau)$，即 $f_2(t) \rightarrow f_2(-\tau)$；

平移 $(\tau \rightarrow t-\tau)$，即 $f_2(-\tau) \rightarrow f_2(t-\tau)$；

相乘，即 $f_1(\tau) f_2(t-\tau)$；

积分，即 $\displaystyle\int_{-\infty}^{+\infty} f_1(\tau) f_2(t-\tau) \mathrm{d}\tau$。

（1）占空比 50% 的矩形波自卷积过程，如图 $1-8-2$ 所示。

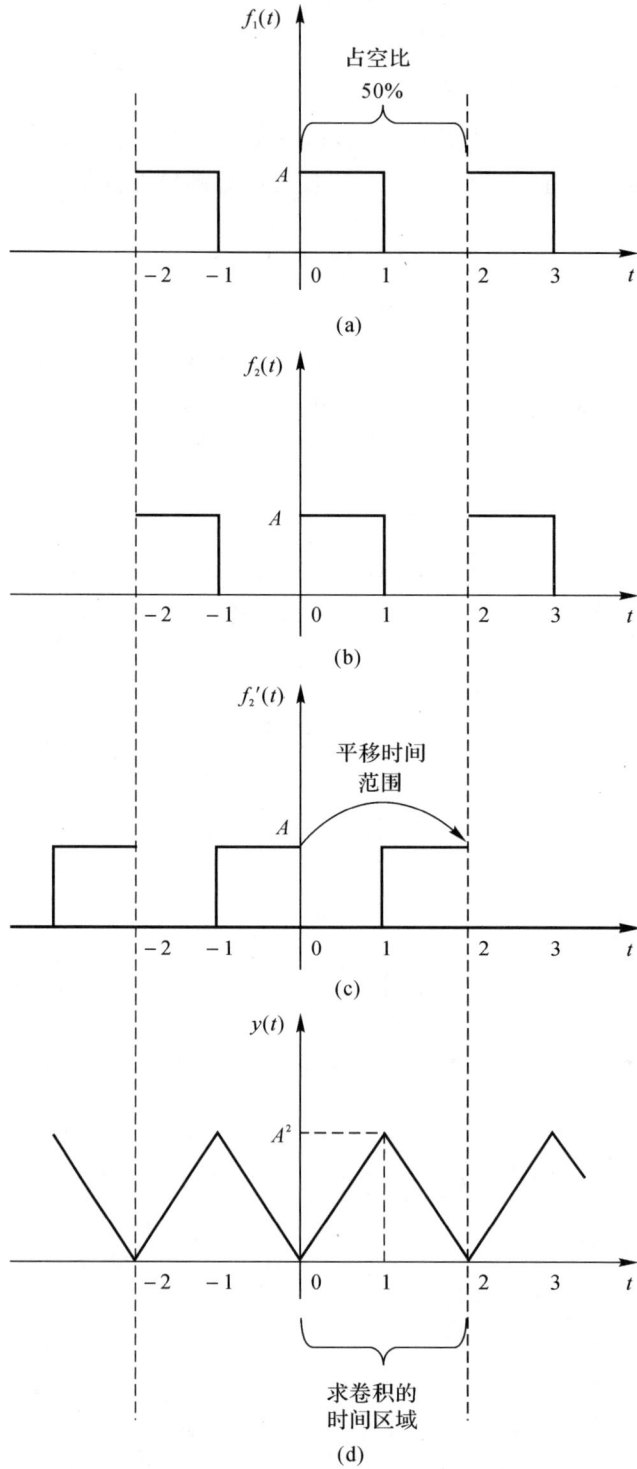

图 1 - 8 - 2　占空比 50% 的两矩形脉冲的卷积积分的运算过程与结果

(a)矩形波 $f_1(t)$；　(b)矩形波 $f_2(t)$，$f_2(t) = f_1(t)$；　(c)$f_2(t)$ 的反褶波形 $f_2(t)$；　(d)卷积 $y(t)$

（2）占空比 25％的矩形波自卷积过程，如图 1-8-3 所示。

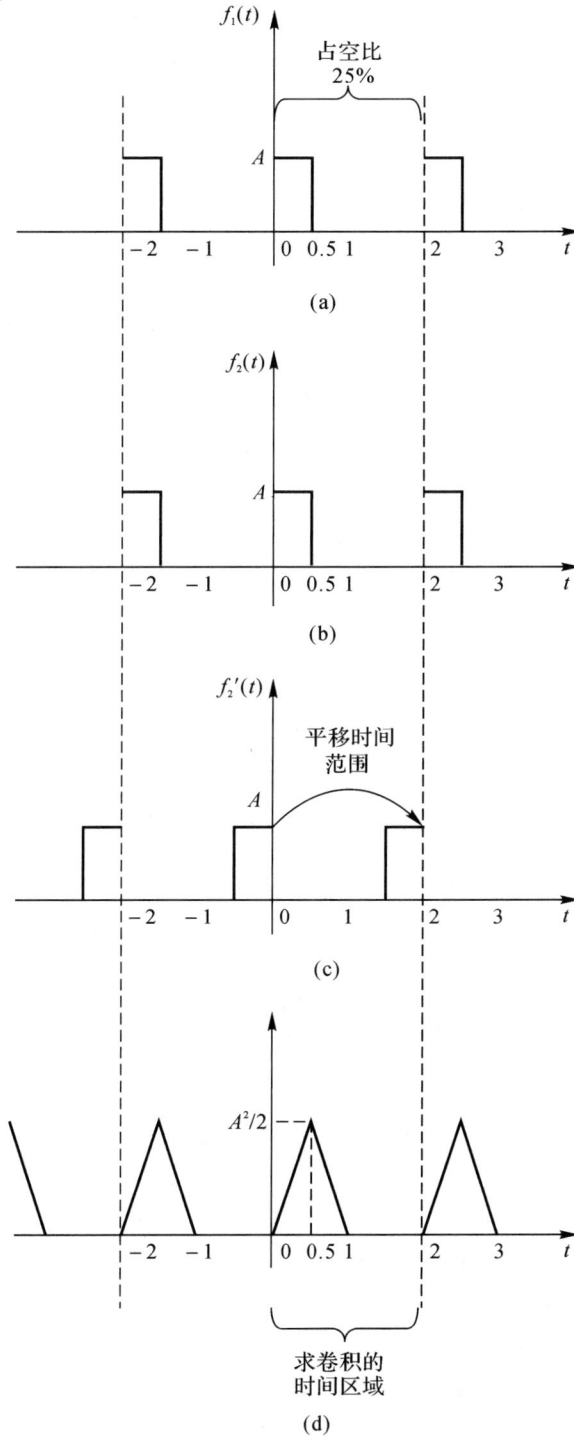

图 1-8-3 占空比 25％的两矩形脉冲的卷积积分的运算过程与结果

(a)矩形波 $f_1(t)$； (b)矩形波 $f_2(t)$，$f_2(t)=f_1(t)$； (c)$f_2(t)$的反褶波形 $f_2(t)$； (d)卷积 $y(t)$

2. 矩形脉冲信号与锯齿波信号的卷积

信号 $f_1(t)$ 为锯齿波信号，$f_2(t)$ 为矩形脉冲信号，如图 $1-8-4$ 所示。根据卷积积分的运算方法得到 $f_1(t)$ 和 $f_2(t)$ 的卷积积分结果 $y(t)$，如图 $1-8-4(i)$ 所示。

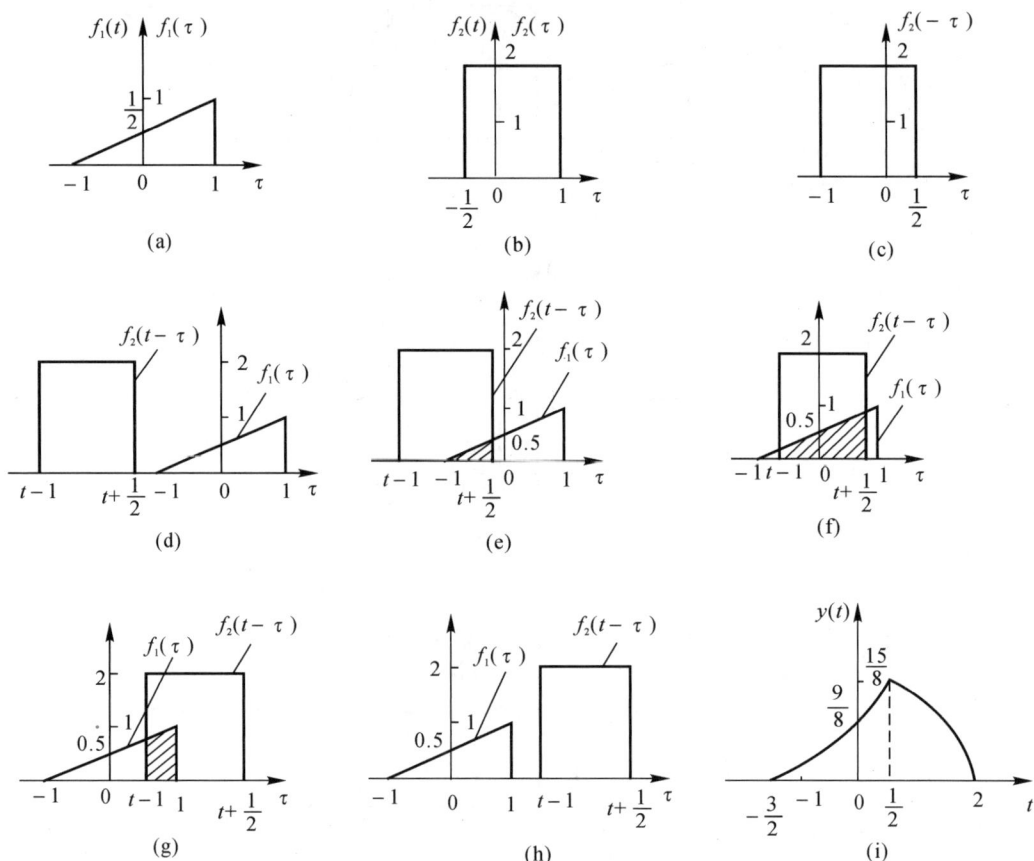

图 $1-8-4$ 矩形脉冲信号与锯齿脉冲信号的卷积积分的结果

(a)锯齿波信号 $f_1(t)$；　(b)矩形信号 $f_2(t)$；　(c)矩形信号置换反褶；　(d)平移；　(e)相乘；
(f)平移相乘；　(g)平移相乘；　(h)平移相乘；　(i)积分输出卷积结果

锯齿波的函数式为 $f_1(t)=2t$。矩形波的函数为 $f_2(t)$。

(1)占空比 50% 的矩形波与锯齿波的互卷积过程，如图 $1-8-5$ 所示。

(2)占空比 25% 的矩形波与锯齿波的互卷积过程，如图 $1-8-6$ 所示。

从图 $1-8-5$ 和图 $1-8-6$ 可以看出，占空比 25% 的矩形波和锯齿波进行卷积最大值为 $0.75A$。该最大值时刻，就是反褶的锯齿波在平移过程中，与矩形波重叠面积最大的时刻，如图 $1-8-7$ 中阴影所示。

此时卷积结果为阴影部分的梯形面积与矩形波的乘积，即

$$\left(\frac{2\times1}{2}-\frac{1\times0.5}{2}\right)\times A=0.75A \tag{1-8-3}$$

注:式中是用锯齿波面积减去小三角形面积得到阴影部分的梯形面积。

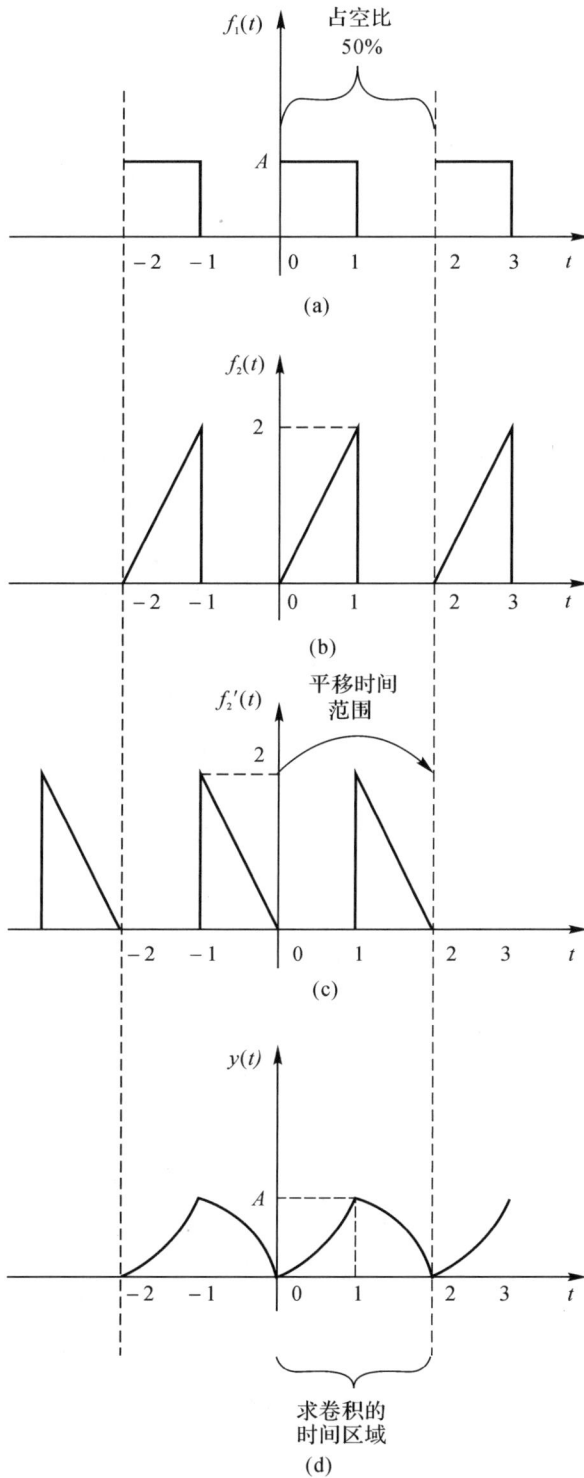

图 1-8-5 占空比 50％的矩形脉冲信号与锯齿脉冲信号的卷积积分的结果
(a)矩形波 $f_1(t)$；(b)锯齿波 $f_2(t)$，$f_2(t)=2(t)$；(c)$f_2(t)$的反褶波形 $f_2'(t)$；(d)卷积 $y(t)$

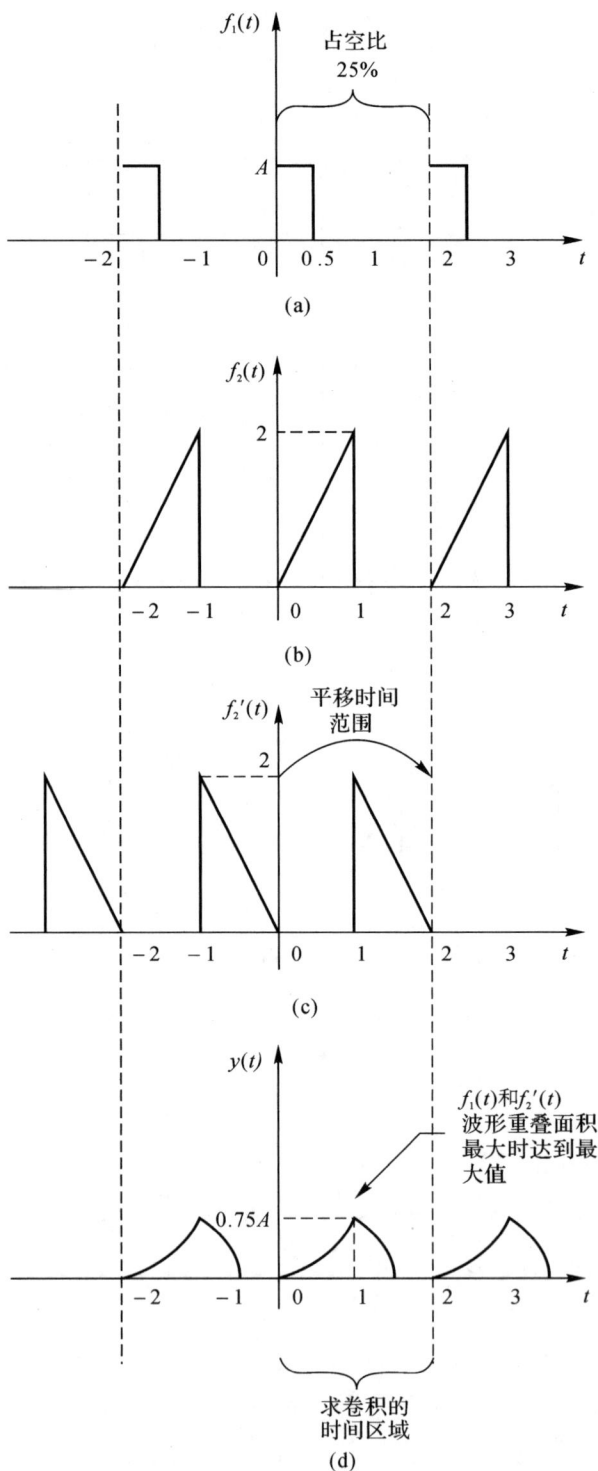

图 1-8-6　占空比 25%的矩形脉冲信号与锯齿脉冲信号的卷积积分的结果
(a)矩形波 $f_1(t)$；　(b)锯齿波 $f_2(t)$，$f_2(t)=2(t)$；　(c)$f_2(t)$的反褶波形 $f_2'(t)$；　(d)卷积 $y(t)$

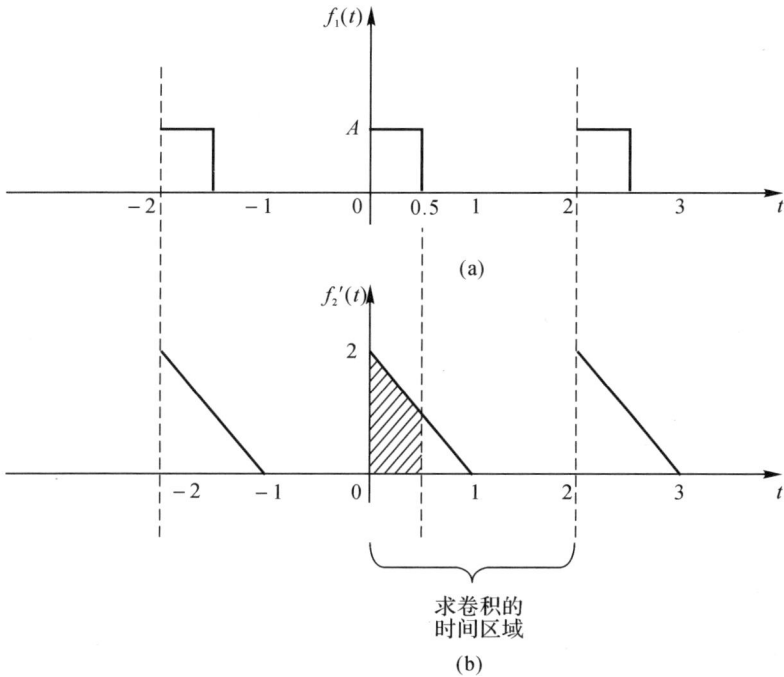

图 1-8-7　矩形脉冲信号与锯齿脉冲信号的卷积积分重叠面积最大

(a)矩形波 $f_1(t)$；　(b)$f_2(t)$ 的反褶波形 $f_2'(t)$，平移到此时刻时与矩形波重叠面积最大

3. 本实验进行的卷积运算的实现方法

实验采用数字信号处理(DSP)芯片,因此在处理模拟信号卷积积分运算时是先通过 A/D 转换器把模拟信号转换为数字信号,利用所编写的相应程序控制 DSP 芯片实现数字信号的卷积运算,再把运算结果通过 D/A 转换为模拟信号输出,结果与模拟信号的直接运算结果是一致的。数字信号处理系统逐步和完全取代模拟信号处理系统是科学技术发展的必然趋势。

4. 数字信号处理模块产生的信号

定制的实验箱中的数字信号处理模块内部可产生两个占空比可调的方波和锯齿波信号,当把模块 ⑤4 的开关 S_3 第 8 位拨为 1 时,系统信号固定为幅度为 2.5 V、频率为 500 Hz、占空比为 50%的方波信号;当把模块 ⑤4 的开关 S_3 第 8 位拨为 0 时,系统信号固定为幅度 5 V、频率 500 Hz、占空比 50%的锯齿波信号。其对应测试点为 TP_2。表 1-8-1 为输出波形类型,表 1-8-2 中通过改变拨码开关的前 7 位可以改变矩形波和锯齿波的占空比。

表 1-8-1　输出波形类型

拨码开关第 8 位	输出波形类型	输出波形占空比/（%）
1	方波	50
0	锯齿波	50

表 1-8-2　拨码开关与占空比关系

矩形波、锯齿波	拨码开关前七位	占空比/(%)
	1000000	43.75
	0100000	37.5
	0010000	31.25
	0001000	25
	0000100	18.75
	0000010	12.5
	0000001	6.25

四、实验步骤

1. 矩形脉冲信号的自卷积

(1) 模块关电,连接信号源及频率计模块 ⑤2 的模拟输出 P₂ 和数字信号处理模块 ⑤4 的 P₉。

(2) 模块开电,调节信号源模块使 P₂ 输出方波信号:扫频开关 S₃ 拨至"OFF",调节"ROL₁"使方波的频率为 500 Hz,调节"模拟输出幅度调节 W₁"使幅度为 1 V。然后长按"ROL₁"旋钮约 2 s 后,旋转调节"ROL₁",使数码管上显示数据"50"(即占空比为 50%)。

(3) 将拨动开关 SW1 调整为"00000010",即设置为自卷积功能。

(4) 按下复位键 S₂。

(5) 将示波器的探头 CH₁ 接于模块 ⑤2 的 P₂ 端口;探头 CH₂ 接于 TP₁。对比观察占空比为 50% 的输入信号与卷积后输出信号波形(见表 1-8-3)。

表 1-8-3　矩形信号互卷积输入信号和卷积后的输出信号

频　率	输入信号 $f_1(t)$ 或 $f_2(t)$	输出信号 $f_1(t)*f_2(t)$
脉冲频率 500 Hz		

本实验中,采用的是两个矩形脉冲信号卷积,最后在 TP₁ 上应可观测到一个三角波。

(6) 改变矩形波占空比,观测自卷积输出。

长按信号源模块的"频率调节"旋钮后,使其切换到方波占空比设置功能。再旋转"频率调节"旋钮,改变信号源模块的 P₂ 输出矩形波的占空比至 25%。用示波器的探头 CH₁ 观测 P₂ 端口,可观测到矩形波的占空比变化。用示波器的探头 CH₂ 观测数字信号处理模块的 TP₁,观测在矩形波占空比变化时,卷积信号输出的变化情况。

(7) 改变矩形波的幅度,观测自卷积输出。

调节信号源模块的"模拟输出幅度调节 W₁"使 P₂ 幅度为 2 V。用示波器分别观测信号

源模块的 P_2 和数字信号处理模块的 TP_1，了解矩形波幅度改变时，自卷积输出变化情况。

2. 矩形信号与矩形信号的互卷积

激励信号为幅度 1 V、频率 500 Hz、占空比约 50%的方波信号，由信号源模块提供并输入到数字信号处理模块的 P_9。将模块 ⑤ 的开关 S_3 第 8 位拨为 1，系统信号固定为幅度 2.5 V、频率 500 Hz、占空比 50%的方波信号，由数字信号处理模块内部产生，其对应测试点为 TP_2。卷积输出测试点为 TP_1。

(1)模块关电，连接信号源及频率计模块 ⑤ 的模拟输出 P_2 和数字信号处理模块 ⑤ 的 P_9。

(2)模块开电，调节信号源模块使 P_2 输出方波信号：扫频开关 S_3 拨至"OFF"，调节"ROL_1"使方波的频率为 500 Hz，调节"模拟输出幅度调节 W_1"使幅度为 1 V。然后长按"ROL_1"旋钮约 2 s 后，旋转调节"ROL_1"，使数码管上显示数据"50"(即占空比为 50%)。

(3)将拨动开关 SW_1 调整为"00000011"，即设置为互卷积功能；将拨码开关 S_3 拨为"00000001"，即设置 TP_2 输出为矩形波信号。

(4)按下复位键 S_2。

(5)将示波器的探头 CH_1 接于 P_2；探头 CH_2 接于 TP_1。对比观察占空比为 50%的输入信号与占空比为 50%的矩形信号卷积后输出信号波形(见表 1-8-4)。

表 1-8-4　矩形信号互卷积输入信号和卷积后的输出信号

频　率	输入信号 $f_1(t)$ 或 $f_2(t)$	输出信号 $f_1(t) * f_2(t)$
脉冲频率 500 Hz		

本实验中，采用的是两个矩形脉冲信号卷积，最后在 TP_1 上应可观测到一个三角波。

(6)改变矩形波占空比，观测互卷积输出。长按信号源模块的"频率调节"旋钮后，使其切换到方波占空比设置功能。再旋转"频率调节"旋钮，改变信号源模块的 P_2 输出矩形波的占空比至 25%。用示波器探头 1 观测信号源模块的 P_2，可观测到矩形波的占空比变化。用示波器探头 2 观测数字信号处理模块的 TP_1，观测在矩形波占空比变化时，卷积信号输出的变化情况。

也可以通过改变拨码开关 S_3 前 7 位的值来改变系统信号的占空比，进而观测卷积信号输出的变化情况。

(7)改变矩形波的幅度，观测互卷积输出。调节信号源模块的"模拟输出幅度调节 W_1"使 P_9 幅度为 2 V。用示波器分别观测信号源模块的 P_2 和数字信号处理模块的 TP_1，了解矩形波幅改变时，自卷积输出变化情况。

3. 矩形信号与锯齿波信号的互卷积

激励信号为幅度 1 V、频率 500 Hz、占空比约 50%的方波信号，由信号源模块提供并输入到数字信号处理模块的 P_9；将模块 ⑤ 的开关 S_3 第 8 位拨为 0，系统信号固定为幅度 5 V、频率 500 Hz、占空比 50%的锯齿波信号，锯齿波信号由数字信号处理模块内部产生，其对应测试点为 TP_2。卷积输出测试点为 TP_1。

(1)模块关电，连接信号源及频率计模块 ⑤ 的 P_2 与数字信号处理模块 ⑤ 的 P_9。

（2）模块开电，调节信号源上相应的旋钮，使 P_2 为幅度 1 V、频率 500 Hz、占空比 50％ 的矩形波。

（3）将 Ⓢ4 号模块上的拨动开关 SW1 调整为"00000011"，即设置为互卷积功能；将拨码开关 S_3 拨为"00000000"，即设置 TP_2 输出为锯齿波波信号。并按复位键 S_2。

（4）先用示波器探头连接数字信号处理模块 Ⓢ4 上的 TP_2，观测锯齿波的波形。

（5）再用示波器探头连接到数字信号处理模块 Ⓢ4 的 TP_1，观测卷积后输出信号的波形（见表 1-8-5）。

表 1-8-5　矩形与锯齿波信号输入信号和卷积后的输出信号

频　率	锯齿波 TP_9 $f_1(t)$	矩形波 P_2 $f_2(t)$	输出信号 TP_1 $f_1(t)*f_2(t)$
脉冲频率 500 Hz			

（6）改变矩形波占空比，观测互卷积输出。长按信号源模块的"频率调节"旋钮后，使其切换到方波占空比设置功能。再旋转"频率调节"旋钮，改变信号源模块的 P_2 输出矩形波的占空比至 25％。用示波器探头 1 观测信号源模块的 P_9，可观测到 P_9 输出矩形波的占空比变化。用示波器探头 2 观测数字信号处理模块的 TP_1，可观测矩形波占空变化为 25％ 时，互卷积信号输出的变化情况。

（7）改变锯齿波占空比，观测互卷积输出。改变拨码开关 S_3 的前 7 位，设置锯齿波输出为不同占空比的信号，用示波器探头 1 观测数字信号处理模块的 TP_2，可观测到 TP_2 输出锯齿波的占空比变化。用示波器探头 2 观测数字信号处理模块 TP_1，可观测不同占空比下的锯齿波与矩形波的互卷积输出的变化情况。

（8）改变矩形波的幅度，观测互卷积输出。调节信号源模块的"模拟输出幅度调节 W_1"使 P_9 幅度为 2 V。用示波器分别观测信号源模块的 P_2 和数字信号处理模块的 TP_1，了解矩形波幅度改变时，互卷积输出变化情况。

五、实验报告

按要求记录各实验数据填写表 1-8-3 至表 1-8-5。

实验九　信号分解及合成

一、实验目的

（1）了解和熟悉信号分解与合成的原理。
（2）了解和掌握采用傅里叶级数进行谐波分析的方法。

二、实验仪器

双踪示波器 1 台；

直流稳压源 1 台；

函数发生器 1 台；

定制实验箱 1 台。

三、实验原理

1. 周期信号的测量

信号的时域特性和频域特性是对信号在不同域的两种描述方式，对于一个时域的周期信号 $f(t)$，只要满足狄利克莱(Dirichlet)条件，就可以将其展开成三角形式或指数形式的傅里叶级数。

例如，对于一个周期为 T 的时域周期信号 $f(t)$，可以用三角形式的傅里叶级数求出它的各次分量，在区间 $(t_1, t_1 + T)$ 内表示为

$$f(t) = a_0 + \sum_{n=1}^{\infty} (a_n \cos n\Omega t + b_n \sin n\Omega t) \tag{1-9-1}$$

即将信号分解成直流分量、多个余弦分量和正弦分量，通过将信号分解研究其频谱的分布情况。

信号的时域特性与频域特性之间有着密切的内在联系，这种联系可以用图 1-9-1 来形象地表示：其中图 1-9-1(a)是信号在幅度-时间-频率三维坐标系中的图形；图 1-9-1(b)是信号在幅度-时间坐标系中的图形；图 1-9-1(c)是信号在幅度-频率坐标系中的图形即振幅频谱图。

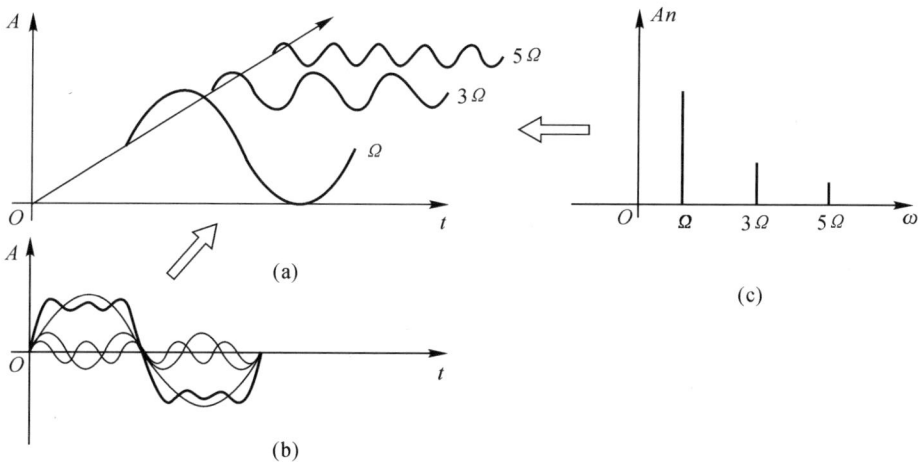

图 1-9-1 信号的时域特性和频域特性

周期信号的测量可以利用振幅频谱的三个性质：离散性、谐波性、收敛性。从振幅频谱图上，可以直观地看出各频率分量所占的比例。测量方法有同时分析法和顺序分析法：同时分析法的基本工作原理是利用多个滤波器，把它们的中心频率分别调到被测信号的各个频率分量上，当被测信号同时加到所有滤波器上，中心频率与信号所包含的某次谐波分量频率一致的滤波器便有输出，在被测信号发生的实际时间内可以同时测得信号所包含的各频率

分量。本实验采用同时分析法进行频谱分析,如图 1-9-2 所示。

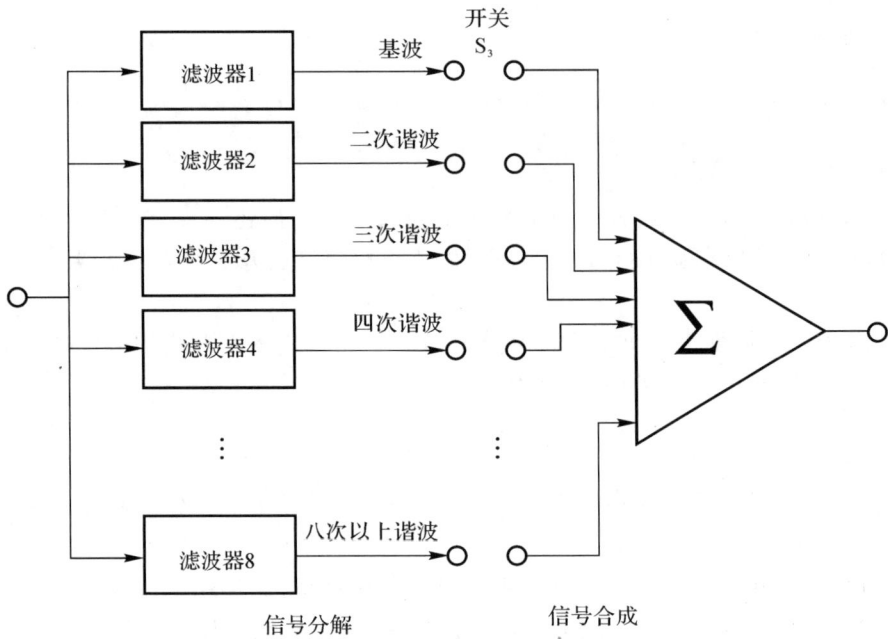

图 1-9-2　用同时分析法进行频谱分析

2. 信号的分解

(1)50%占空比矩形信号方波分解,以图 1-9-3 的方波信号为例。

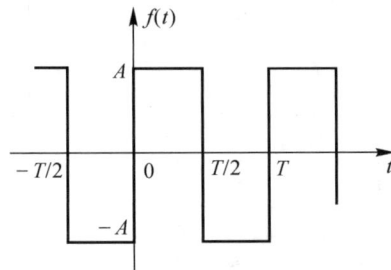

图 1-9-3　50%占空比矩形信号

方波在一个周期的解析式为

$$f(t)=\begin{cases}A, & 0<t\leqslant\dfrac{T}{2}\\ -A, & \dfrac{T}{2}<t\leqslant T\end{cases} \tag{1-9-2}$$

故有

$$B_{km}=\frac{4}{T}\int_0^{T/2}A\sin k\omega t\,\mathrm{d}t=-\frac{4A}{Tk\omega}\left\{\cos k\omega t\,\Big|_0^{T/2}\right\}$$

$$= \frac{4A}{k\pi}, \quad k = 1,3,5,7,\cdots \tag{1-9-3}$$

于是,所求级数

$$f(t) = \frac{4A}{\pi}\left(\sin\omega t + \frac{1}{3}\sin3\omega t + \frac{1}{5}\sin5\omega t + \frac{1}{7}\sin7\omega t + \cdots\right) \tag{1-9-4}$$

只有 $1,3,5,7,\cdots$奇次谐波分量,偶次谐波为 0。

例如 $A=1$,信号幅度为$-1\sim+1$ V,根据上面的公式可得出 1、3、5、7 次谐波分量信号峰值分别为表 1-9-1 中的值。

表 1-9-1 占空比 50%方波信号谐波分量幅度

谐波次数	谐波分量幅度/V
1	1.273 239 5
3	0.424 413 1
5	0.254 647 9
7	0.181 891 4

(2)40%占空比矩形信号方波分解,如图 1-9-4 所示。

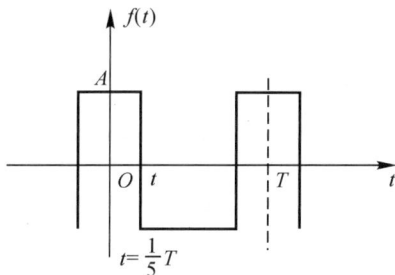

图 1-9-4 40%占空比矩形信号

矩形信号占空比为 40%,τ 为脉冲宽度,$\tau = \frac{2}{5}T$;结合图 1-9-4 可知

$$t = \frac{\tau}{2} = \frac{1}{5}T$$

由图 1-9-4 可知信号为偶函数,因此

$$b_n = 0$$

$$\omega = \frac{2\pi}{T} \tag{1-9-5}$$

$$a_0 = \frac{1}{T}\int_{-t}^{t} A\,\mathrm{d}t = \frac{A\tau}{T} \tag{1-9-6}$$

$$a_n = \frac{2}{T}\int_{-\frac{\tau}{2}}^{\frac{\tau}{2}} A\cos(n\omega t)\,\mathrm{d}t = \frac{A\tau}{\pi}Sa\left(\frac{n\omega\tau}{2}\right) = \frac{2AT}{5\pi}Sa\left(\frac{n\omega T}{5}\right) \tag{1-9-7}$$

或

$$a_n = \frac{2A}{n\pi}\sin\left(\frac{n\pi\tau}{T}\right) = \frac{2A}{n\pi}\sin\left(\frac{2n\pi}{5}\right) \qquad (1-9-8)$$

三角级数形式:

$$f(t) = \frac{2}{5}A + \frac{2AT}{5\pi}\sum_{n=1}^{\infty}Sa\left(\frac{n\omega T}{5}\right)\cos(n\omega t) \qquad (1-9-9)$$

傅里叶级数形式:

$$f(t) = \frac{2A}{5}\sum_{n=-\infty}^{\infty}Sa\left(\frac{n\omega T}{5}\right)e^{jn\omega t} \qquad (1-9-10)$$

根据周期矩形信号的三角形式傅里叶级数,只要给定 τ、T 和 A 就可以求出直流分量、基波与各次谐波分量的幅度:

$$C_n = a_n = \frac{2A\tau}{T}Sa\left(\frac{n\pi\tau}{T}\right) \qquad (1-9-11)$$

$$C_0 = a_0 = \frac{A\tau}{T} \qquad (1-9-12)$$

由以上公式可算出当方波峰-峰值为 2 V($A=2$)时,占空比为 40% 的方波信号各次谐波的峰值为表 1-9-2 所得值。

表 1-9-2 占空比 40% 方波信号谐波分量幅度

谐波次数	谐波分量幅度
基波	1.210 9
2 次	0.374 2
3 次	0.249 5(注意,这里算出来的值应该为 −0.249 5,从频域上来看是看不出来符号位的,时域上看是与基波相位相反的)
4 次	0.302 7(注意,这里算出来的值应该为 −0.302 7,从频域上来看是看不出来符号位的,时域上看是与基波相位相反的)
5 次	0
6 次	0.201 8
7 次	0.106 9

(3)三角波信号的分解如图 1-9-5 所示。

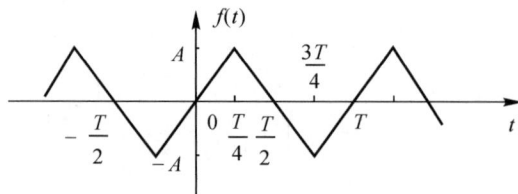

图 1-9-5 三角信号

由于

$$f(t) = \begin{cases} \dfrac{4A}{T}t, & 0 \leqslant t \leqslant \dfrac{T}{4} \\ -\dfrac{4A}{T}t + 2A, & \dfrac{T}{4} \leqslant t \leqslant \dfrac{T}{2} \end{cases} \qquad (1-9-13)$$

故有

$$B_{km} = \frac{4}{T}\int_0^{T/4}\frac{4A}{T}t\sin k\omega t\,\mathrm{d}t - \frac{4}{T}\int_{T/4}^{T/2}\left(\frac{4A}{T}t - 2A\right)\sin k\omega t\,\mathrm{d}t \qquad (1-9-14)$$

参照积分公式

$$\int x\sin ax\,\mathrm{d}x = \frac{1}{a^2}\sin ax - \frac{1}{a}x\cos ax$$

可算出

$$B_{km} = \begin{cases} \dfrac{8A}{k^2\pi^2}, & k = 1,5,9,\cdots \\ -\dfrac{8A}{k^2\pi^2}, & k = 3,7,11\cdots \end{cases} \qquad (1-9-15)$$

于是所欲求的傅里叶级数

$$f(t) = \frac{8A}{\pi^2}\left(\sin\omega t - \frac{1}{3^2}\sin 3\omega t + \frac{1}{5^2}\sin 5\omega t - \frac{1}{7^2}\sin 7\omega t + \cdots\right) \qquad (1-9-16)$$

以 $A = 1$ 为例来算出 1、3、5、7 次谐波的幅度分别为表 1-9-3 所得值。

表 1-9-3　三角波信号谐波分量幅度

谐波次数	谐波分量幅度/V
1	0.810 569 4
3	0.090 063 2
5	0.032 422 8
7	0.016 542 2

3. 信号的提取

进行信号分解和提取是滤波系统的一项基本任务。当我们仅对信号的某些分量感兴趣时，可以利用选频滤波器，提取其中有用的部分，而将其他部分滤去。

目前 DSP 系统构成的数字滤波器已基本取代了传统的模拟滤波器，数字滤波器与模拟滤波器相比具有许多优点。用 DSP 构成的数字滤波器具有灵活性高、精度高和稳定性高，体积小、性能高，便于实现等优点。因此在这里选用了数字滤波器来实现信号的分解。

在数字滤波器模块上，选用了有 8 路输出的 D/A 转换器 TLV5608（U402），因此设计了 8 个滤波器（1 个低通、6 个带通、1 个高通）将复杂信号分解提取某几次谐波。分解输出的 8 路信号可以用示波器观察，测量点分别是 TP_1、TP_2、TP_3、TP_4、TP_5、TP_6、TP_7、TP_8。开关 S_3 的 8 位开关为各次谐波的叠加开关，当所有的开关都闭合时各次谐波叠加的合成波形从 TP_8 输出。

注意:开关 S_3 的第 1 位到第 8 位依次为一次到八次以上谐波控制开关。

4. 信号的合成

矩形脉冲信号通过 8 路滤波器输出的各次谐波分量,DSP 把每次谐波的值相加从 TP_8 输出,哪一次或几次谐波叠加是通过开关 S_3 的 8 位的状态决定(闭合为加),则分解前的原始信号(观测 TP_9)和合成后的信号应该相同。

电路中用一个 8 位的拨码开关 S_3 分别控制各路滤波器输出的谐波是否参加信号合成,把拨码开关 S_3 的第 1 位闭合,则基波参于信号的合成。把开关 S_3 的第 2 位闭合,则二次谐波参于信号的合成,依此类推,若 8 位开关都闭合,则各次谐波全部参与信号合成。另外可以选择多种组合进行波形合成,例如可选择基波和三次谐波的合成、可选择基波、三次谐波和五次谐波的合成等等。

图 1-9-6 所示列举了用 MATLAB 仿真得到的方波谐波相加的结果。

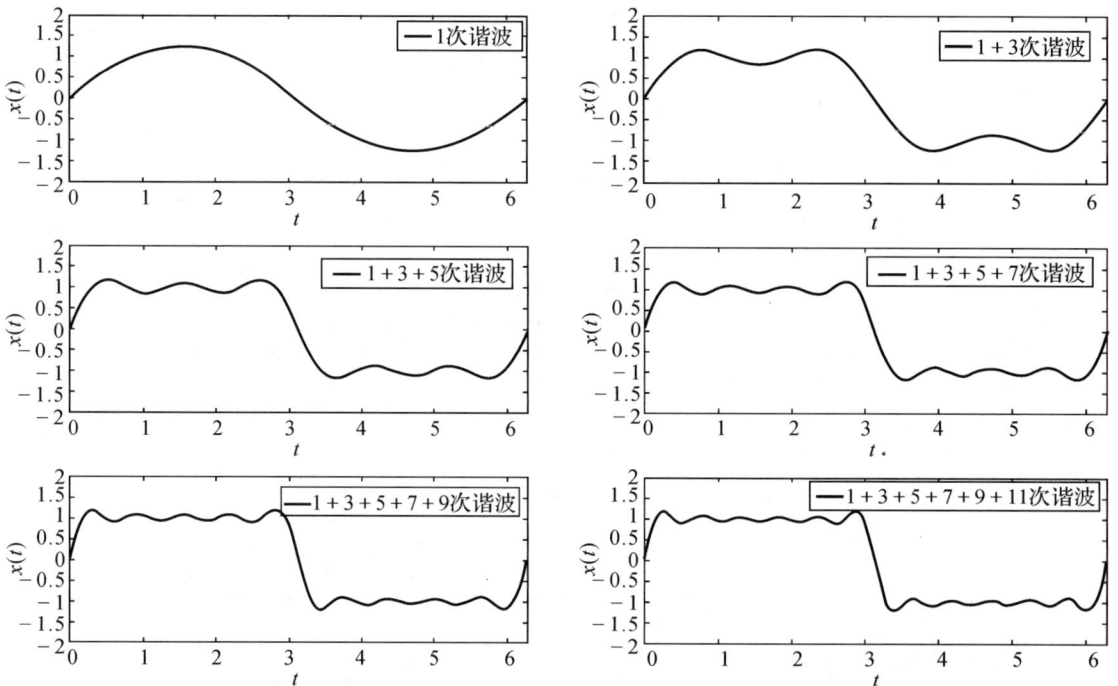

图 1-9-6　方波谐波(频率 500 Hz、幅度 2 V、占空比 50%)

注:输入信号极限值说明。幅度:当输入信号幅度超过 3 V 时,输出信号的谐波幅度会和理论值产生较大的误差,这是芯片自身原因引起的。频率:输入方波信号的可选频率有 400 Hz、500 Hz、600 Hz。占空比:方波占空比可调位置为 40%、50%,如使用其余的占空比方波输出信号会和理论值产生较大的误差。

四、实验内容与步骤

1. **方波的分解**

(1)通过函数发生器输出幅度为 2 V、频率为 500 Hz(或 400 Hz、或 600 Hz)的方波(占空比调为 50%)。

(2)用示波器分别观察信号实验平台模块 S4 上的测试点"TP₁～TP₇"输出的 1 次谐波至 7 次谐波的波形及 TP₈ 处输出的 7 次以上谐波的波形。

根据表 1-9-4、表 1-9-5 改变输入信号参数进行实验,并记录实验结果。

1)占空比 $t/T=1/2$:t 的数值按要求调整,测得的信号频谱中各分量的大小,其数据按表 1-9-4 的要求记录。

表 1-9-4　$t/T=1/2$ 的矩形脉冲信号的频谱

$f=500$ Hz,　$T=$ 　μs,　$t/T=1/2$,　$t=$ 　μs,　$E=2$ V							
谐波频率	$1f$	$2f$	$3f$	$4f$	$5f$	$6f$	$7f$	$8f$ 以上
理论值(电压峰-峰值)								
测量值(电压峰-峰值)								

注:自行画表格,记录 $f=400$ Hz 或 600 Hz 时的信号分解频谱情况。

2)占空比 $t/T=2/5$:矩形脉冲信号的脉冲幅度 E 和频率 f 不变,t 的数值按要求调整,测得的信号频谱中各分量的大小,其数据按表 1-9-5 的要求记录。

表 1-9-5　$t/T=2/5$ 的矩形脉冲信号的频谱

$f=500$ Hz,　$T=$ 　μs,　$t/T=1/2$,　$t=$ 　μs,　$E=2$ V							
谐波频率	$1f$	$2f$	$3f$	$4f$	$5f$	$6f$	$7f$	$8f$ 以上
理论值(电压峰-峰值)								
测量值(电压峰-峰值)								

2. 方波的合成

由于 P₉ 处输入信号幅度过大,A/D 采样进去之后会失真,所以用反向放大将采集之前的信号进行缩小后从 TP₉ 处输出,在进行观测时应以 TP₉ 处波形为参考。

(1)用示波器观测模块 S4 上的 TP₈,把模块 S4 的拨码开关 S₃ 拨为 10000000,观察合成输出波形(此时只有基波),并与信号源模块的 P₂ 信号进行比较。

(2)再将拨码开关 S₃ 拨为 11000000,在 TP₈ 处观察一次与二次谐波的合成波形(由于方波分解后偶次谐波都为零,合成后应仍是基波的波形)。

(3)依此类推,按表 1-9-6 中合成要求,设置拨码开关 S₃,观察各波形的合成情况,并记录实验结果。

表 1-9-6　矩形脉冲信号的各次谐波之间的合成

波形合成要求	合成后的波形
基波与 3 次谐波合成	
3 次与 5 次谐波合成	

续表

波形合成要求	合成后的波形
基波与 5 次谐波合成	
基波、3 次与 5 次谐波合成	
所有谐波的合成	
没有 3 次谐波的其他谐波合成	
没有 5 次谐波的其他谐波合成	
没有 8 次以上高次谐波的其他谐波合成	

3. 三角波的分解与合成

(1)设置信号源及频率计模块 ⑤2 ,使 P_2 是幅度为 2 V、频率约为 500 Hz(或 400 Hz、或 600 Hz)的三角波。

(2)参照步骤 1 和 2 的内容,自行设置并画表格,记录三角波分解与合成的相关数据,并画出合成波形。

五、实验报告

按要求记录各实验数据,总结周期信号的分解与合成原理。

六、思考题

(1)方波信号在哪些谐波分量上幅度为零?请画出基波信号频率为 5 kHz 的矩形脉冲信号的频谱图(取最高频率点为 10 次谐波)。

(2)要提取一个 $t/T=1/4$ 的矩形脉冲信号的基波和 2、3 次谐波,以及 4 次以上的高次谐波,会选用几个什么类型(例如低通、带通等)的滤波器?

实验十　相位对波形合成的影响

一、实验目的

(1)理解相位对波形合成中的作用。
(2)加深理解幅值对波形合成的作用。

二、实验仪器

双踪示波器 1 台;
直流稳压源 1 台;
函数发生器 1 台;
定制实验箱 1 台。

三、实验原理

在对周期性的复杂信号进行级数展开时,各次谐波间的幅值和相位是有一定关系的,只有满足这一关系时各次谐波的合成才能恢复出原来的信号,否则就无法合成原始的波形;幅度对合成波形的影响前面已讨论过,本实验讨论谐波相位对信号合成的影响。

本实验中的波形分解是通过数字滤波器来实现的。数字滤波器的实现有 FIR(有限长滤波器)与 IIR(无限长滤波器)两种,由 FIR 实现的各次谐波的数字滤波器在阶数相同的情况下,能保证各次谐波的线性相位,而由 IIR 实现的数字滤波器,输出为非线性相位。本实验系统中的数字滤波器是由 FIR 实现的,因此在波形合成时不存在相位的影响,只要各次谐波的幅度调节正确即可合成原始的输入波形;但若把数字滤波器的实现改为 IIR,或仍然是 FIR 但某次谐波的数字滤波器阶数有别于其他数字滤波器阶数,则各次谐波相位间的线性关系就不能成立,这样即使各次谐波的幅度关系正确也无法合成原始的输入波形。

通常,矩形信号由多个谐波分量信号组成(参考矩形脉冲信号的分解及合成实验),为了方便了解相位对波形合成的影响,本实验对矩形信号的三次谐波进行了移相处理,也就是说,在本系统中我们是将矩形信号的三次谐波的相位移动了180°。经过移相处理之后的3次谐波信号仍由 TP$_3$ 测试点输出。相位对波形合成实验框图如图 1-10-1 所示。

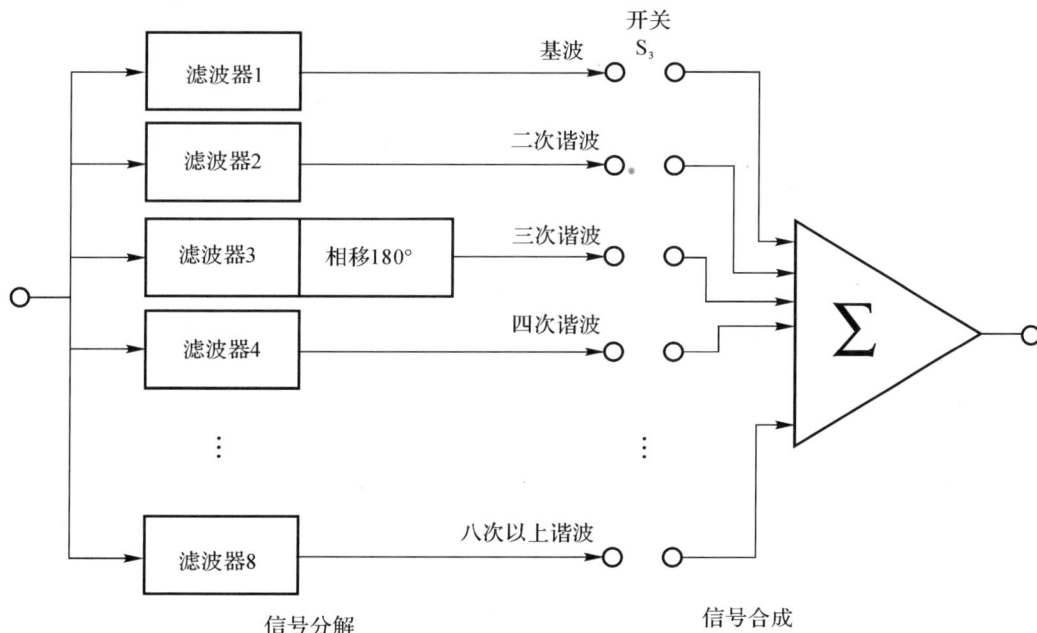

图 1-10-1　相位对波形合成实验框图

当谐波分量的相位发生变化后,最后的合成波形也会受到影响。

下面列举了由 MATLAB 仿真截取的未移相时的合成波形和在 3 次谐波移相180°后的合成波形。注:以下仿真内容的输入信号频率为 500 Hz、幅度为 2V、方波。

(1)各次谐波都没有相移时的合成波形,如图 1-10-2 所示。

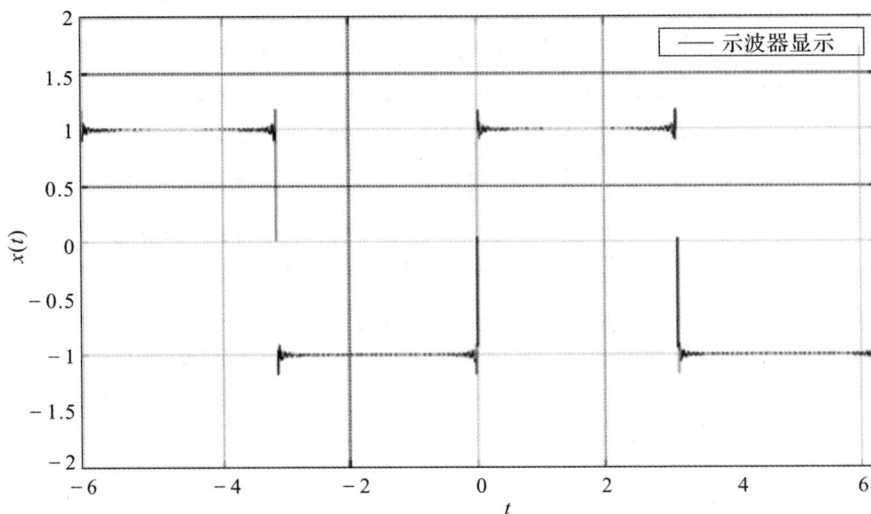

图 1-10-2 无相移的合成波形

(2)当 3 次谐波移相 180°之后的合成波形,如图 1-10-3 所示。

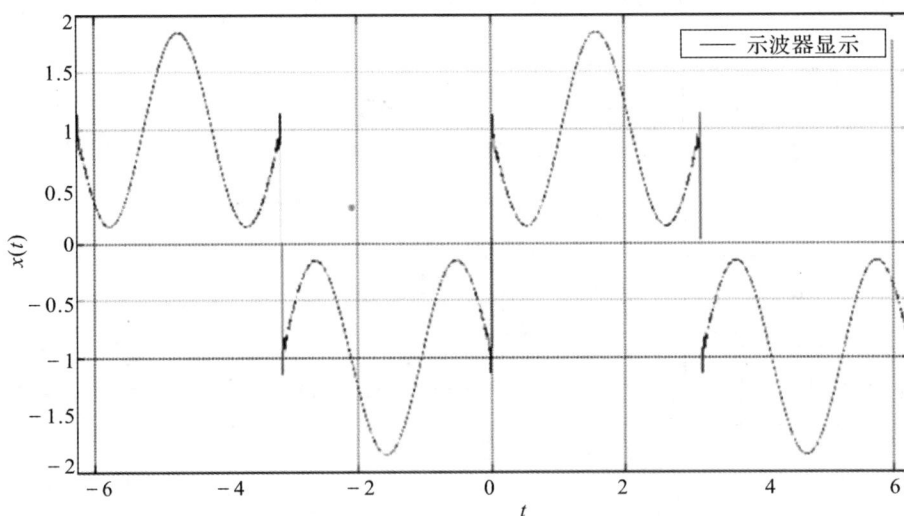

图 1-10-3 3 次谐波移相 180°后的合成波形

四、实验步骤

1. 任务一:谐波相位改变对波形合成的影响

(1)连接信号源及频率计模块 (S2) 的 P_2 和数字信号处理模块 (S4) 上的 P_9。

(2)调节信号源上相应按键及旋钮,使 P_9 处输入信号是频率为 500 Hz、占空比调为 50%的方波信号。

（3）将拨码开关 SW_1 置于"00000110"，将拨码开关 S_3 的 1 至 8 全拨为"0"。

（4）按下复位键开关 S_2，复位 DSP，运行相位对信号合成影响程序。

（5）用示波器观测基波输出点 TP_1 和三次谐波输出点 TP_3，比较两波形的相位。

（6）再用示波器观测合成波形输出点（测试点为 TP_8）。将拨码开关 S_3 拨为 10100000，则此时 TP_8 输出波形为基波与相移 180° 的三次谐波的叠加波形。

（7）依次闭合开关 S_3 的第 1 位至第 8 位拨为"1"，在 TP_8 处观测相应的各次谐波叠加后的合成波形，对比输入的方波信号，验证在 3 次谐波相位变动后，合成波形是否与原始波形一致。

五、实验报告

总结相位在波形合成中的影响。

实验十一 信号频谱分析

一、实验目的

（1）了解信号频谱分析的基本思路。

（2）掌握使用本平台进行实时信号频谱分析的方法，并分析其原理。

二、实验仪器

计算机（含信号与系统上位机软件、MATLAB 软件）1 台；

双踪示波器 1 台；

定制实验箱（信号源及频率计模块 (S2)）1 块；

定制实验箱（数字信号处理模块 (S4)）1 块；

USB 2.0 数据线 1 根。

三、实验原理

DSP 可以对实时采集到的信号进行快速傅里叶变换（FFT）以实现时域与频域的转换，FFT 结果反映的是频域中各频率分量幅值的大小，从而使画出频谱图成为可能。

用 DSP 实验系统进行信号频谱分析的基本思路是：先求取实时信号的采样值并送入硬件系统，同时将进行 FFT 的汇编程序调入实验系统，经运算求出对应的信号频谱数据，其结果在 PC 屏幕上显示，使 DSP 硬件系统完成一台信号频谱分析仪的功能，如图 1-11-1 所示。

注：在本实验进行之前需要先安装附件中"信号与系统"仿真软件及串口转 USB 口驱动程序。

```
┌─────────────────────────────┐
│      读入时间信号采样值        │
└─────────────────────────────┘
              │
              ▼
┌─────────────────────────────┐
│    将.ASM文件调入实验硬件系统   │
└─────────────────────────────┘
              │
              ▼
┌─────────────────────────────┐
│      进行FFT运算信号的DFT      │
└─────────────────────────────┘
              │
              ▼
┌─────────────────────────────┐
│     从实验硬件系统读出数据      │
└─────────────────────────────┘
              │
              ▼
┌─────────────────────────────┐
│     显示时域信号及其频谱图      │
└─────────────────────────────┘
```

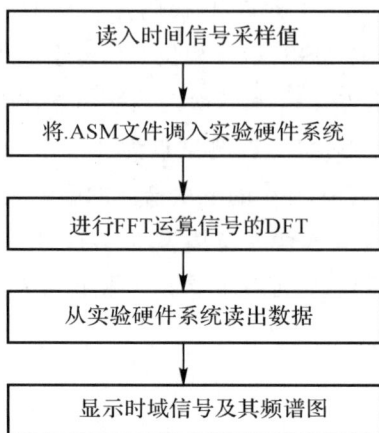

图 1-11-1　实验系统进行信号频谱分析的程序框图

四、实验步骤

1. 计算机与串口通信接口实验

(1)固定参数信号的频谱分析。

1)将 PC 的 USB 口与实验箱上串口转 USB 口 J₁ 连接好后,将数字信号处理模块 ⑤4 上拨码开关 SW₁ 拨为 00001110,打开电源,按模块 ⑤4 上开关 S₂。

2)运行信号与系统上位机软件 ![icon] ,弹出信号与系统实验教学系统主窗口。先在"串口配置"中选择好 PC 所用串口(比如 COM1);再点击"频谱分析"按钮,进入"频谱分析"窗口;点击"信号装载"按钮,在"文件"窗口中选择路径"信号与系统/频谱分析波形"文件夹,然后在右侧选中"方波 1k.dat"文件,点击"确定"按钮;再按"运行"键,则窗口中显示该信号时域波形并分析输出其频谱图。

3)再分别选中"方波 4k.dat""正弦 1k.dat""正弦 4k.dat""正弦 8k.dat",查看其时域和频域波形。

(2)可变参数信号的频谱分析。

1)安装 MATLAB,将文件夹 MATLAB-DSP 中的文件夹 DSPC54 复制到 MATLAB 的安装父目录文件夹中即可,将文件夹 M-WORK 中所有的 M 文件复制到 MATLAB 的 work 文件夹中。

2)双击打开 MATLAB 软件,再打开的 MATLAB 窗口中的 Curren Directory 的路径选择为盘符:\MATLAB6p5p1\DSPC54。在 MATLAB 的 COMMAND WINDOW 窗口中输入"DSPM"回车,在弹出窗口中按任意键继续。

3)点击"FFT 算法的运用"按钮,在"FFT 分析信号频谱"窗口中可分别选择"连续信号的频谱""离散信号的频谱"和"连续信号与离散信号的频谱"三个菜单中选择不同的波形,在弹出的窗口中即可设置不同的波形参数,点击"开始计算",即可在窗口左侧看到信号波形以及它的频谱。如果在"放大显示波形?"后选择"y"则会看到放大的时域频域波形。点击"返回"开始再一次运算。

2. 任务二：基于串口的数据采集实验

(1)用 USB 2.0 数据线连接实验箱和计算机。

(2)将主板信号源产生的方波信号、正弦波信号、三角波信号输入到 P_9 中(频率请选择 10 kHz 以内),并打开实验系统电源。

(3)运行系统提供的软件,进入频谱分析窗口,按"实时分析"钮,窗口即显示该实时信号的频谱图。

注：由于频谱分析时信号的采样率为 128 kHz,因此只有当被测信号的频率和 128 成整数倍关系时,频谱图比较稳定清楚。

五、实验报告

认真阅读实验原理及步骤,利用上位机软件分析波形的频谱特性。

实验十二 数字滤波器

一、实验目的

(1)了解数字滤波器的作用与原理。

2.了解数字滤波器的设计实现过程。

二、实验仪器

计算机 1 台；

双踪示波器 1 台；

定制实验箱(信号源及频率计模块 ⑤2)1 块；

定制实验箱(数字信号处理模块 ⑤4)1 块。

三、实验原理

滤波器的一项基本任务即对信号进行分解与提取。当我们仅对信号的某些分量感兴趣时,可以利用选频滤波器,提取其中有用的部分,而将其他部分滤去。目前 DSP 系统构成的数字滤波器已基本取代了传统的模拟滤波器,数字滤波器与模拟滤波器相比具有许多优点。用 DSP 构成的数字滤波器具有灵活性高、精度高和稳定性高,体积小、性能高,便于实现等优点。因此这里选用数字滤波器来实现信号的分解。

1. 用辅助设计软件设计 IIR 滤波器

点击 MATLAB 图标进入 MATLAB 工作环境,如上节所述指定路径。在 MATLAB 指令窗下键入:DSPM(回车)。将出现"数字信号处理实验辅助分析与设计系统"主画面,按任意键将进入下一级菜单画面。点击 IIR 滤波器辅助设计选项,进入 IIR 数字滤波器辅助设计窗口,如图 1-12-1 所示。在窗口左上方点击"选择滤波器类型"下拉菜单,可见低通、高通、带通、带阻四个选项。每一选项又分为"输入 F_s""输入 f_p、N"和"输入 f_p、f_{st}、A_s、R_p"三种选择。其中每一种选项又可以选用 Butterworth(巴特沃斯)、Chebyshev Ⅰ(切比雪夫Ⅰ型)、Chebyshev Ⅱ(切比雪夫Ⅱ型)型和 Elliptic(椭圆型)四种滤波器。

为配合硬件实验装置的工作,本数字滤波器辅助设计选用的采样频率 F_s 均为 2 的 N 次方,最高采样频率 $F_s = 128$ kHz。

(1)"输入 F_s"。根据设计要求选定采样频率 F_s 后,再选定数字滤波器的种类,按"APPLY",即开始进行设计。图形窗口的左边显示图形结果,数据结果将在 MATLAB 命令窗口给出。

该选项采用了 IIR 数字滤波器最典型的设计参数:(以低通滤波器为例)

原型滤波器阶数 $N = 3$;

归一化的数字滤波器通带边界频率 $\omega_p = 0.5$;

通带最大衰减 $R_p < 1$ dB;

阻带最小衰减 $A_s > 20$ dB。

(2)"输入 f_p、N"。可根据设计要求选择 F_s、f_p 和 N,选定数字滤波器的种类后,按"APPLY",即开始进行设计。图形窗口的左边显示图形结果,数据结果将在 MATLAB 命令窗口给出。

此选项通带最大衰减和阻带最小衰减为固定值:$R_p < 1$ dB;$A_s > 20$ dB。

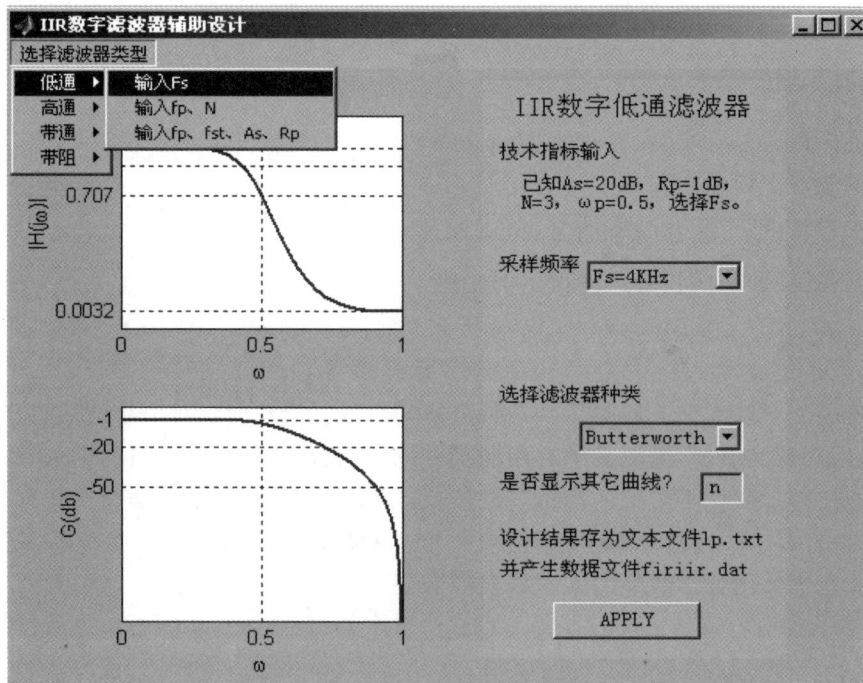

图 1-12-1　IIR 数字滤波器辅助设计窗口

（3）"输入 f_p、f_{st}、A_s、R_p"。该选项是一个选择范围最大的选项，可根据设计要求选择 F_s、f_p、f_{st}、A_s、R_p。选定数字滤波器的种类后，按"APPLY"，即开始进行设计并显示结果。

注：以上设计结果将在 MATLAB 的 DSPC54 子文件夹下自动存为文本文件（如：Lp.txt）和供数字信号处理（DSP）实验硬件系统使用的数据文件 firiir.dat。

另外，在 IIR 数字滤波器窗口，还有一个选项"是否显示其他曲线"，当选"Y"时，按"APPLY"后，还将显示滤波器的冲激响应和相频特性曲线。

进行 IIR 滤波器设计时，使用"输入 F_s"或"输入 f_p、N"项，注意以下问题：

1）巴特沃斯滤波器的技术指标以通带截止频率 f_c 为准，此时 $R_p=3$ dB，而不是 1 dB。

2）切比雪夫 I 型滤波器的技术指标以通带边界频率 f_p 为准，此时 $R_p=1$ dB。

3）切比雪夫 II 型滤波器的技术指标以阻带边界频率 f_{st} 为准，此时 $A_s=20$ dB。

4）圆数字滤波器的技术指标以通带边界频率 f_p 为主，又兼顾阻带边界频率 f_{st}，此时 $R_p=1$ dB，$A_s=20$ dB。

2. FIR 滤波器辅助设计

点击 FIR 滤波器辅助设计选项，进入 FIR 数字滤波器辅助设计窗口，如图 1-12-2 所示。在窗口左上方可见"窗函数法"和"频率采样法"两个选项。点击"窗函数法"或"频率采样法"下拉菜单，可见低通、高通、带通、带阻四个选项。其中，窗函数法为使用者提供矩形窗、三角窗、巴特莱特（Bartlett）窗、汉明（Hamming）窗、汉宁（Hanning）窗、凯塞（Kaiser）窗等六种窗口。

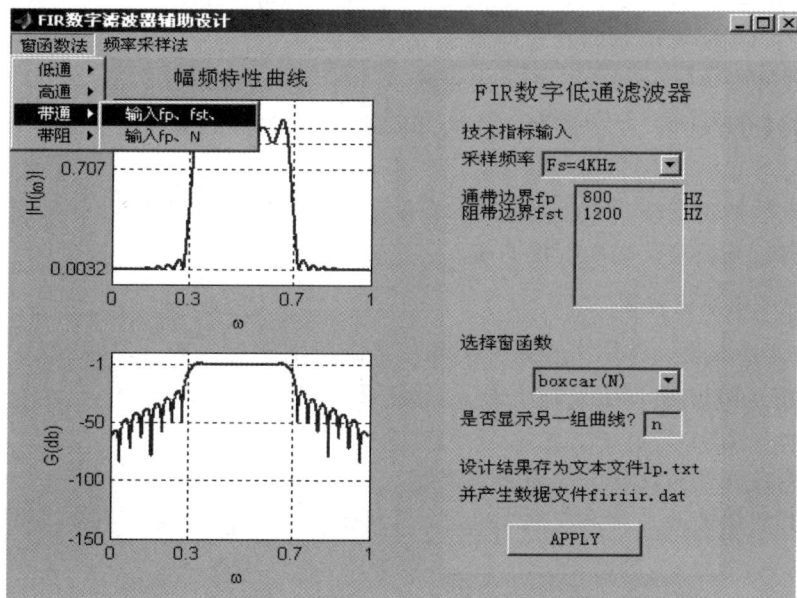

图 1-12-2　FIR 数字滤波器辅助设计窗口

（1）窗函数法。该方法有"输入 f_p、f_{st}""输入 f_p、N"两种选择。可根据给定的技术指标选择输入，然后选择不同的窗函数。按"APPLY"，即开始进行设计。图形窗口的左边显示图形结果，数据结果将在 MATLAB 命令窗口给出。

使用者可根据设计结果分析,确定最后选定的窗函数。

(2)频率采样法。根据给定的技术指标选择输入后,按"APPLY",即开始进行设计并显示结果。

以上设计结果将在 MATLAB 的 DSPC54 子目录下自动存为文本文件(如:Lp.txt)和供 DSP 实验硬件系统使用的数据文件 firiir.dat。

另外,在 FIR 数字滤波器窗口,还有一个选项"是否显示另一组曲线",当选"Y"时,按"APPLY"后,还将显示滤波器的冲激响应、频响采样值、窗函数以及幅频特性等曲线。

3. 建立设计结果数据文件

输入设计指标,点击"APPLY"后,辅助设计系统将自动建立一个设计结果文本文件(如:lp.txt)以及数据文件 firiir.dat。

4. 实现设计的数字滤波器

把滤波器系数和滤波器实现程序,即在 DSPC54 文件夹中生成的 firiir.dat,经 RS232 口送入 DSP 系统,其结果可通过示波器测试。调节输入信号的频率,观察信号经滤波器之后的幅度变化,是否和设计预期一样呢。

四、实验步骤

1. 设计一个低通滤波器

用双线性变换法设计并用实验系统实现一个三阶的切比雪夫 I 型低通数字滤波器,其采样频率 $F_s = 8$ kHz,1 dB 通带边界频率为 $f_p = 2$ kHz。

(1)用双线性变换法设计以上低通滤波器。

(2)建立其数据文件。对这数据文件进行汇编连接,并将汇编后产生的汇编文件调入实验系统。

(3)在输入端加正弦波,用双踪示波器观测数字滤波器的幅频特性,并将测量数据记入自行准备的表格,并描绘其幅频特性曲线。

2. 设计一个高通滤波器

用双线性变换法设计并用实验系统实现一个三阶的切比雪夫 II 型高通数字滤波器,其采样频率 $F_s = 16$ kHz,阻带边界频率为 $f_{st} = 4$ kHz,$A_s = 20$ dB。

要求:

(1)用双线性变换法设计以上高通滤波器。

(2)建立其数据文件。对该数据文件进行汇编连接,并将汇编后产生的汇编文件调入实验系统。

(3)在输入端加正弦波,用双踪示波器观测数字滤波器的幅频特性,将测量数据记入自行准备的表格,并描绘其幅频特性曲线。

3. 设计一个 FIR 带通数字滤波器

滤波器采样频率 $F_s = 16$ kHz,通带边界频率分别为 $f_{p2} = 3$ kHz,$f_{p1} = 5$ kHz,要求在通带内 $R_p < 1$ dB。2 kHz$< f <$6 kHz 为阻带,$A_s > 40$ dB。

（1）设计符合以上要求的数字滤波器，并编写能够输出 FS、N、ai、bi 参数的程序。

（2）用硬件系统实现设计的 FIR 数字滤波器，用示波器观察其设计结果，逐点描绘其曲线，并与 MATLAB 中显示的结果相比较。

4. 设计一个 FIR 带阻数字滤波器

滤波器采样频率 $F_s=32$ kHz，上、下阻带边界频率为 $f_{s2}=5$ kHz，$f_{s1}=10$ kHz，$A_s>40$ dB；下通带边界频率为 4 kHz，上通带边界频率为 11 kHz，$R_p<1$ dB。

（1）设计符合以上要求的数字滤波器，并编写能够输出 FS、N、ai、bi 参数的程序。

（2）用硬件系统实现设计的 FIR 数字滤波器，用示波器观察其设计结果，逐点描绘其曲线，并与 MATLAB 中显示的结果相比较。

五、实验报告

（1）进一步熟悉数字滤波器的设计方法。

（2）自行设计并实现一个数字滤波器。

实验十三　直接数字频率合成

一、实验目的

（1）理解直接数字频率合成的原理。

（2）了解数字直接数字频率合成的过程。

二、实验仪器

双踪示波器 1 台；

定制实验箱（数字信号处理模块 ⑤）1 块。

三、实验原理

DDS 是产生高精度、快速变换频率、输出波形失真小的优先选用技术。DDS 以稳定度高的参考时钟为参考源，通过精密的相位累加器和数字信号处理，通过高速 D/A 变换器产生所需的数字波形（通常是正弦波形），这个数字波经过一个模拟滤波器后，得到最终的模拟信号波形。本设计采用 DSP 代替专门的 DDS 芯片，DSP 程序内部建有一个 1k 大小的正弦表，在每一个输出时钟，DSP 就以一定的步长移动，去查询表，把相位转化为相应的幅值，通过 DA 输出。

1. 实验设置说明

本实验需将模块 ⑤ 上拨码开关 SW_1 设置为 00001000，即模块 ⑤ 设置为频率合成功能。

合成波形输出测试点为 TP_1。由拨码开关 S_3 的第 1 位到第 8 位控制输出正弦波信号的频率。拨码值与频率对应关系见表 1-13-1。

表 1-13-1　拨码值与频率关系

开关 S_3 设置	对应正弦波的输出频率(测试点 TP_1)
10000000	1.25 kHz
01000000	2×1.25 kHz
11000000	3×1.25 kHz
00100000	4×1.25 kHz
101000000	5×1.25 kHz
01100000	6×1.25 kHz
...	...
11111110	127×1.25 kHz

注:在本实验中把拨码 S_3 的第8位(DIP 数字8)必须置为"0"状态,防止超出系统能够稳定输出正弦波信号的最大频率。

2. 关于输出波形频率越高,波形的台阶状越明显的说明

本实验采用的是 DDS 数字频率合成的方法来产生正弦波。简单地说就是用一个固定的时钟(本实验中是 1 280 kHz)去查询正弦波表(这里是 1 024 点)。

当每个时钟周期按正弦波顺序输出,则输出正弦波频率为 1 280 kHz/1 024=1.25 kHz。

当每个时钟周期在正弦表中隔一个点输出,则输出正弦波频率为 1 280 kHz/512=2.5 kHz。

因此当输出频率越高,间隔的点数就要越多。当合成的正弦波频率为 160 kHz 时,每个正弦波周期只能输出8个点:1 280 kHz /160 kHz=8。

波形输出如图 1-13-1 所示。

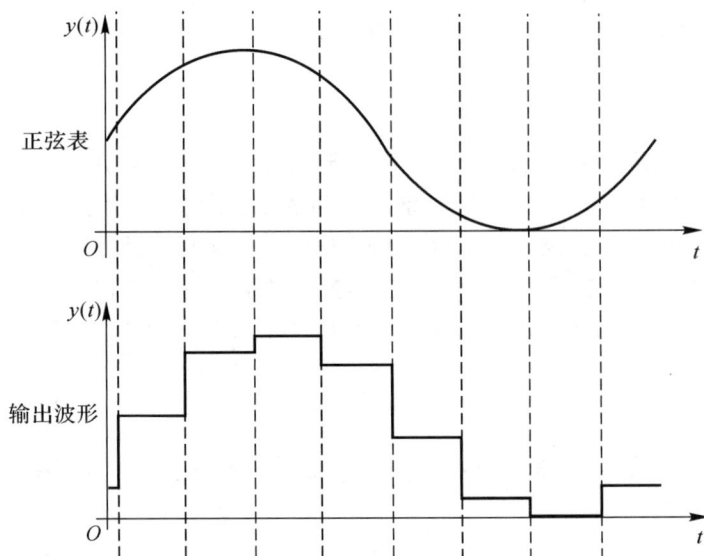

图 1-13-1　正弦表对应输出波形

因此当输出频率高时,输出正弦波每个周期的点数就少,点与点之间的幅值差就大,看到波形的台阶就越明显。

四、实验步骤

1. 直接数字频率合成

(1)将模块 ⑤₄ 的拨码开关 S_3 的 8 位都拨为"0"。

(2)设置拨码开关 SW_1 为"00001000",按下复位键 S_2,使系统运行频率合成程序。

(3)把示波器的 CH_1 通道接到测试点 TP_1,把开关 S_3 的第 1 位拨为"1",观察 TP_1 输出的正弦波信号,并测量其频率。

(4)拨码开关 S_3 的第 8 位(DIP 数字 8)保持为"0",改变开关 S_3 的第 1 位到第 7 位的状态,观察输出信号的波形,记录在各种状态下 TP_1 输出的正弦信号的频率,并填表 1 - 13 - 2。

表 1 - 13 - 2　拨码开关与输出信号频率关系

开关 S_3 拨码值	10000000	01000000	11000000	00100000	10100000	……
输出信号频率						

注意:本实验拨码开关 S_3 的第 8 位一直为"0"状态。

五、实验报告

(1)进一步了解直接频率合成原理。

(2)总结上面波形的变化,记录每次波形的频率。

第二章　音频信号处理实验

实验一　音频信号采集及观测

一、实验目的

(1)了解音频信号的特点。

(2)了解音频信号的数字化的采样频率及数字化的过程。

(3)使用上层软件观察音频数据时域波形,并采集一段音频数据试听。

二、实验仪器

定制实验箱(数据采集 & 虚拟仪器模块 (S10))1 块；

USB - D 数据连接线 1 根；

示波器 1 台；

耳麦 1 副。

三、实验原理

1. 音频信号介绍

语音信号是携带音频信息的音频声波,如果经过声电转换就得到音频的电信号,而语音信号的数字处理基于音频信号的数字化表示,模拟音频信号经过 A/D 转换后就得到离散的音频信号数字化采样。语音的数字化采样值以文件形式存储到计算机中就可以用到有关工具程序或者自编程序读出并显示在计算机屏幕上,得到便于观察分析的音频时域波形图。

根据语音的日常应用,语音可大致分为三类：

(1)窄带(电话带宽 300～3 400 Hz)音频,窄带音频的采样率通常为 8 kHz,一般应用于音频通信中。

(2)宽带(7 kHz)音频,宽带(7 kHz)音频采样率通常为 16 kHz,一般用于要求更高音质的应用中,如电视会议。

(3)音乐带宽(20 kHz)音频,20 kHz 带宽音频适用于音乐数字化,采样率一般高达 44.1 kHz。

由于在以后的实验中,都是以话音为研究单元,所以在音频数字化过程中,统一使用了 8 kHz 的采样率。

图 2-1-1 是某段歌曲的时域波形图,该音频段的频谱宽度为 300～3 400 Hz,采样频率为 8 kHz,持续时间为 0.1 s。从图中可以看出,音频信号有很强的"时变特性",有些波段具有很强的周期性,有些波段具有很强的噪声特性,且周期性音频和噪声性音频的特征也在不断变化中。

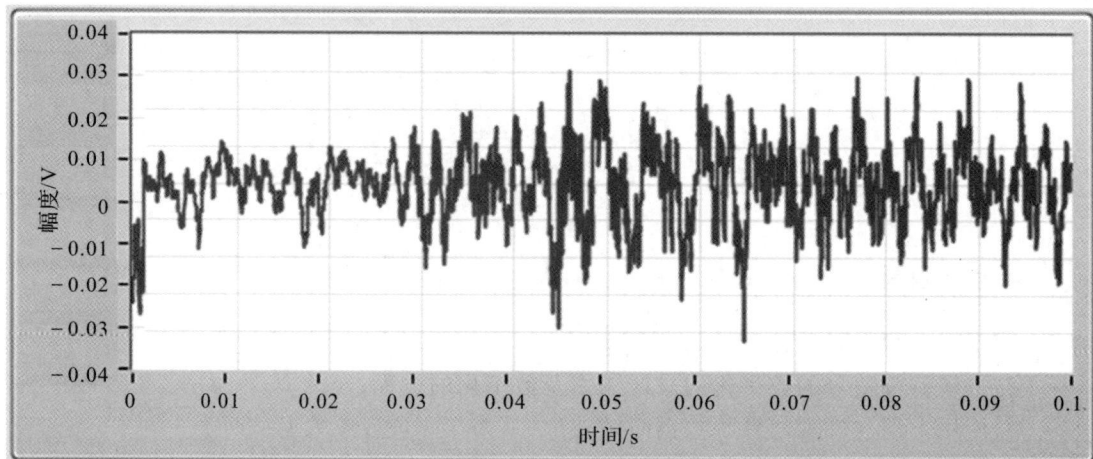

图 2-1-1　音频信号时域波形

音频按其激励形式的不同主要可以分为两类。

浊音:当气流通过声门时,如果声带的张力刚好使声带发生张弛振荡式的振荡,产生一股准周期的气流,这一气流激励声道就产生浊音。

清音:当气流通过声门时,如果声带不振动,而在某处收缩,迫使气流以高速通过这一收缩部分而产生湍流,就得到清音。

图 2-1-2 给出了清音和浊音的波形图。

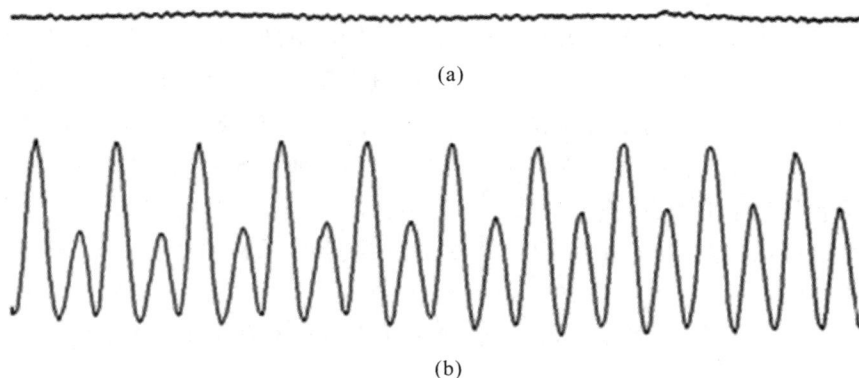

(a)

(b)

图 2-1-2　清音和浊音的波形图
(a)清音;　(b)浊音

2. 音频编解码芯片－PCM2912

PCM2912 是一款带有集成耳机驱动器的极低功耗、高质量音频编解码器,专为便携数字音频应用而设计。该器件可以提供 CD 音质的音频录音和回放,为 16 Ω 的负载提供 50 mW 的输出功率。

(1)带有集成耳机驱动器的立体声音频编解码器（50 mW on 16 W @ 3.3 V）;

(2)2.7～3.6 V 模拟电源电压(标准版);

(3)回放模式下功耗＜ 18 mW;

(4)100 dB 信噪比("A"weighted @ 48 kHz)的数模转换器;

(4)90 dB 信噪比("A" weighted @ 48 kHz)的模数转换器;

(6)采样率范围:8～48 kHz;

(7)主时钟或者从时钟模式;

(8)USB 时钟模式可以从 USB 时钟直接生成一般 MP3 的所有采样率(incl. 441. kHz);

(9)输出音量和静音控制;

(10)麦克风输入和带有侧音混频器的驻极体偏压;

(11)可选择的模数转换器(ADC)高通滤波器;

(12)2 线或 3 线微处理器(MPU)串行控制接口;

(13)可编程音频数据接口模式。

四、实验内容与步骤

本实验将完成音频的数字化处理过程,并实现音频的录放和采集,其中音频信号采样的结构图如图 2－1－3 所示。

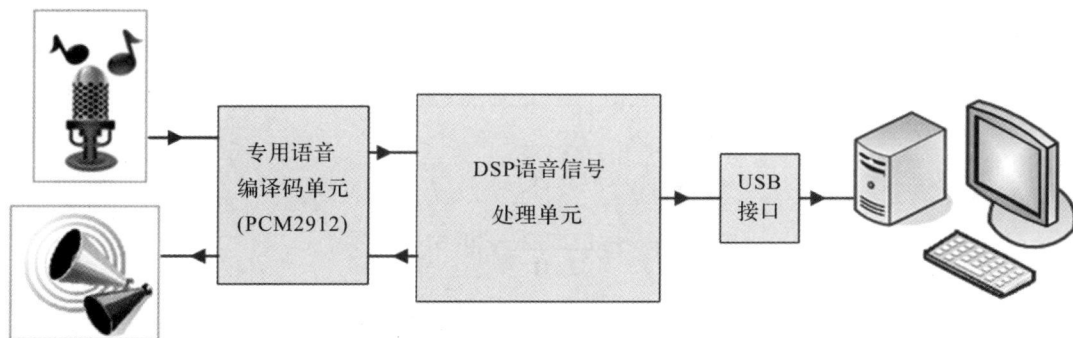

图 2－1－3　音频信号采集示意图

音频通过 MIC 进入 PCM2912,经过 PCM2912 处理并完成数字化后,进入 DSP 完成音频的的回放和传输,PC 机端收到音频信号后,可以完成音频信号的时域观察和频域分析。

数字信号处理系统虚拟软件界面如图 2－1－4 所示。在该软件中,可以看到原始波形和处理后波形两个窗口,分别可以观察音频信号的轮廓和处理后的输出观测,且时间轴可调可具体观测波形的细节。

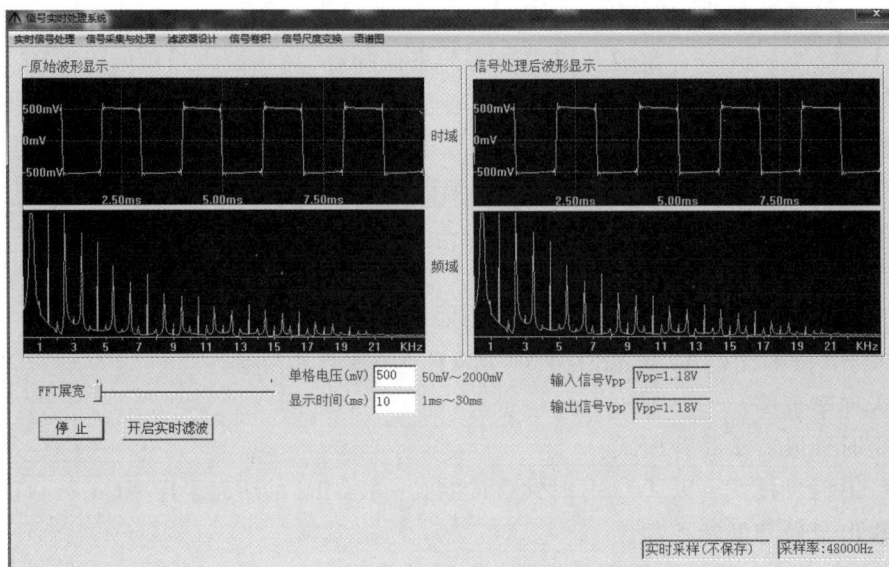

图 2-1-4　数字信号处理系统软件界面图形

各部分电路原理图如图 2-1-5 和图 2-1-6 所示。

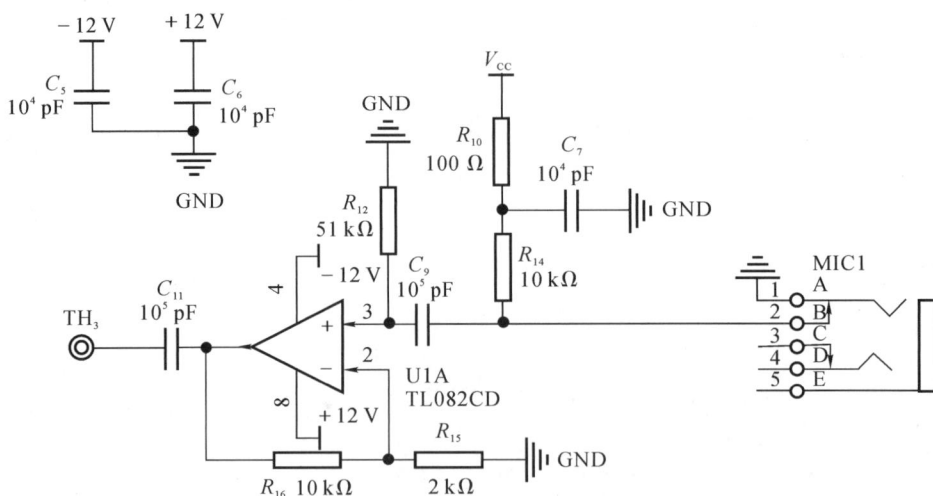

图 2-1-5　语音输入电路图

在实验中,使用 PC 端的数字信号处理系统软件,观测音频信号的时域波形。

(1)连接麦克风和耳机分别连接至模块上的 MIC1 与 PHONE1 接口。

(2)将"话筒"的输出信号连接到"ADC"的输入端,即将话筒音频输出信号引入至数据采集单元。

(3)用 USB 线连接计算机和模块。

(4)运行数字信号处理系统软件,点击软件菜单栏的"实时信号处理"功能项。然后点击"开始采集"。

（5）在原始信号显示窗口中，可以观察实时采集到的音频信号的时域波形。

（6）可以对"ADC 输入"端口的信号进行幅度调理，从而改变 A/D 采样前端的输入信号幅度，实时观测"输入信号 Vpp"显示值、"输出信号 Vpp"显示值，并通过耳麦感受声音大小。

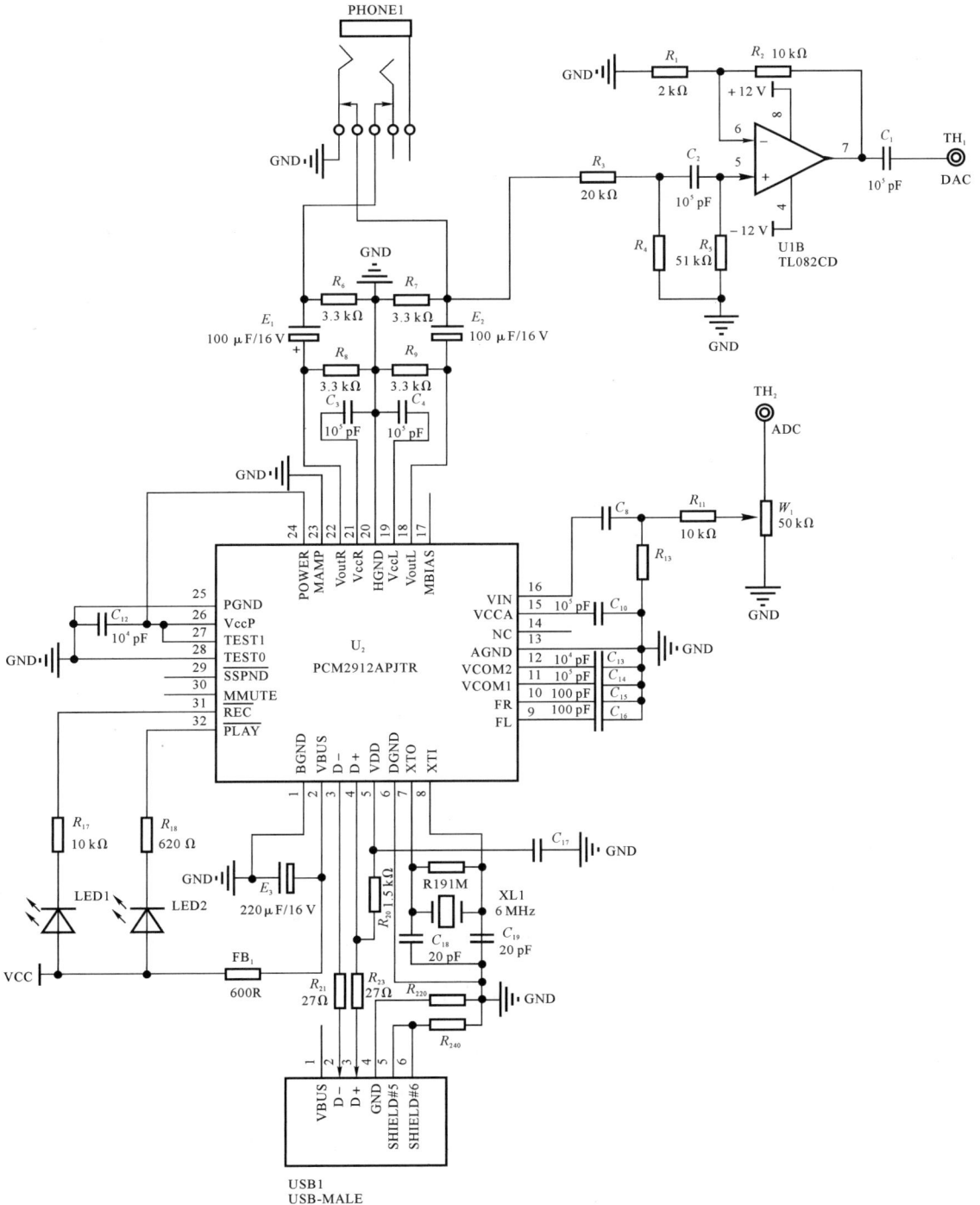

图 2-1-6 数据采集电路图

(7)参照表2-1-1要求,设置输入信号的波形类型、频率和幅度,以及软件参数,观测并记录模拟信号源的信号波形。

表 2-1-1   模拟信号源的信号波形

信号类型	频率/Hz	软件参数设置及显示状态			信号波形显示
		输入信号峰-峰值/V V_{pp} 显示值	单格电压/mV	显示时间/ms	
正弦波	500	1	500	2	
三角波	500	1	1 000	10	
方波	500	1	500	20	

实验二　音频信号采集及 FFT 频谱分析

一、实验目的

(1)了解音频信号的频率成分。
(2)采集一段音频语音进行 FFT 频谱分析。

二、实验仪器

数据采集 & 虚拟仪器模块 (S10) 1块;
USB-D 数据连接线 1 根;
示波器 1 台;
耳麦 1 副。

三、实验原理

语音的产生是一个复杂的过程,语音信号的最终形成是包含众多因素的,包括心理和生理等方面的一系列动作,因此语音信号是较为复杂的音频信号,包含众多的频率成分,有些频率成分对于语音的产生有比较大的影响,缺少了语音的语义就会完全失真,有些频率成分则是噪声信号,缺少了对语音的音频基本没有影响。

图 2-2-1 是某段真人发声的的时域和频域波形图。该音频的频谱宽度大概在300~3 400 Hz 频段上。在该频段上,各个频率对应幅度也有不同。每个频率成分都是怎么产生的,又有什么样的作用,这就是音频信号频域分析需要注意的问题。

本实验主要通过模块 (S10) 对输入信号进行采集,并通过数字信号处理系统软件展示信号的频域波形。

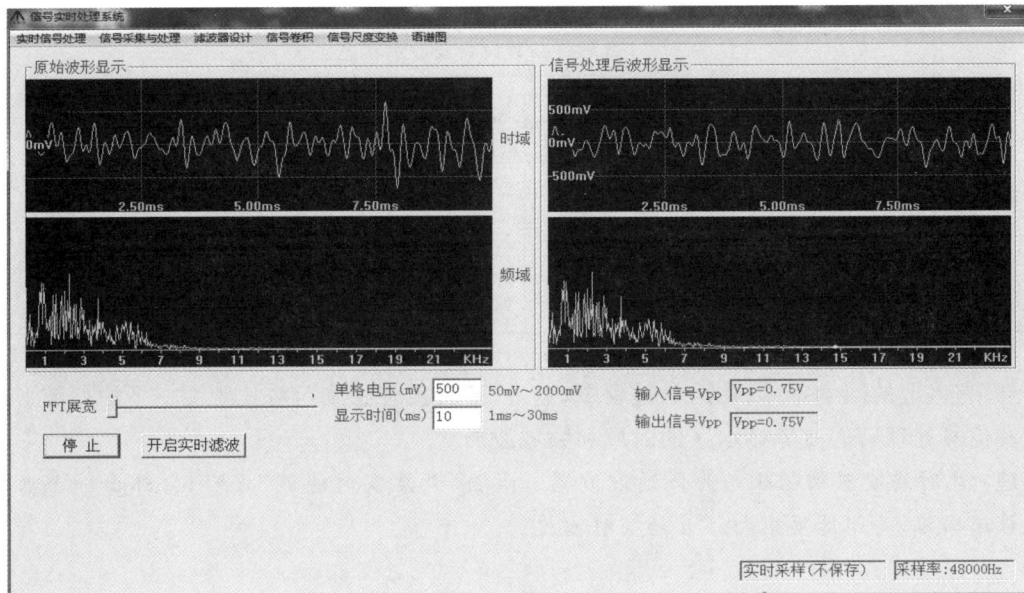

图 2-2-1 音频信号时域及频域图形

四、实验步骤

在实验中,使用 PC 端的数字信号处理系统软件,观测音频信号的时域波形。

(1)连接麦克风和耳机分别连接至模块 (S10) 上的 MIC₁ 与 PHONE₁ 接口。

(2)将"话筒输出"TH₃ 连接至"ADC 输入"TH₂,即将话筒音频输出信号引入至数据采集单元。

(3)用 USB 线连接计算机和模块 (S10)。模块 (S10) 开电。

(4)运行数字信号处理系统软件,点击软件菜单栏的"实时信号处理"功能项,然后点击"开始采集"。

(5)对着麦克任意说一段话(或者吹气),即可在原始信号显示窗口中观察到实时采集的信号时域和频域波形。

(6)适当调节模块 (S10) 上的"幅度调节"旋钮,可对"ADC 输入"端口的信号进行幅度调理,从而改变 A/D 采样前端的输入信号幅度(注:输入信号不宜过大,建议输入信号控制在 $V_{pp}=1$ V 以内,否则会出现信号过载失真)。

(7)拆除模块 (S10) 上"话筒输出"与"ADC 输入"端口之间的连线。将模块 (S2) 的模拟输出源 P2,连接至 (S10) "ADC 输入"端口。

(8)参照表 2-2-1 要求,设置输入信号的波形类型、频率和幅度,以及软件参数,点击软件"开始采集"。观测并记录模拟信号源的频域波形。

表 2-2-1　信号波形显示

信号类型	频率/Hz	软件参数设置及显示状态			信号波形显示
		输入信号峰-峰值 V_{pp} 显示值	单格电压/mV	显示时间/ms	
正弦波	500	1 V	500	2	
三角波	500	1	1 000	10	
方波	500	1	500	20	

(9)有兴趣的同学,可以在采集过程中,点击"开启实时滤波",对比观测一下原始波形显示区和信号处理后的波形显示区的时域和频域波形。

注:此时滤波器初始状态为低通滤波器。点击"开启实时滤波"之后,会弹出一个滤波器设计选项框,关闭选项框即可开始实时滤波。

实验三　音频信号采集及尺度变换

一、实验目的

(1)了解语音信号数字化的方法。
(2)掌握语音信号时域频域有关特性:时域波形、频域频谱。

二、实验仪器

数据采集 & 虚拟仪器模块 (S10) 1 块;
USB-D 数据连接线 1 根;
示波器 1 台;
耳麦 1 副。

三、实验原理

1. 尺度变换

尺度变换是指如果信号在时域进行压缩或者扩展,该信号相应在频域也会进行扩展和压缩,尺度变换的性质如图 2-3-1 所示。

若 $f(t) \leftrightarrow F(\omega)$,则 $f(at) \leftrightarrow \dfrac{1}{|a|} F\left(\dfrac{\omega}{a}\right)$,$a$ 为非零函数。

如图 2-3-1 所示,以矩形脉冲为原始信号进行尺度变换的两个例子。尺度变换的物理含义是,如果信号在时域进行压缩,即当 $a > 1$ 时,其频谱将在频域进行相应的扩展;反之,如果信号在时域进行扩展,即当 $0 < a < 1$ 时,则其频谱将在频域进行压缩。

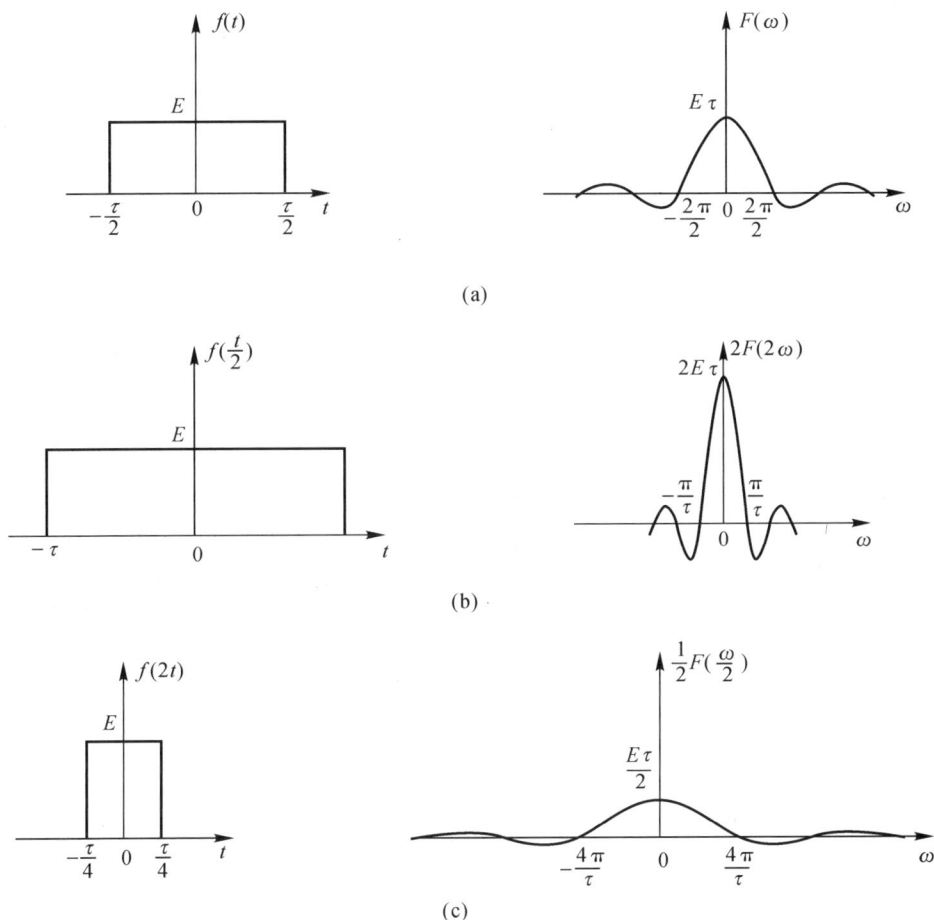

图 2 - 3 - 1 尺度变换的性质

尺度变换所描述的信号在时域和频域中相互制约的反比关系是一个很重要的性质,在信号与系统的分析与综合中往往要涉及这个性质。例如,在数据通信网的发展历程中,为了得到高速的传输速率,就必须提高传输媒质的带宽,由此导致了传输媒质从铜线电缆到光缆的变迁。为什么时域压缩会导致频域扩展,而时域扩展会导致频域压缩呢?因为时间坐标尺度的变化会改变信号变化得快慢,当时间坐标尺度压缩时,信号变化加快,因而频率提高了;反之,当时间坐标扩展时,信号变化减慢,因而频率也就降低了。

例如,当播放一盒音乐磁带时,如果播放的速度和录制的速度不同,则人耳所听到的效果将会不同:如果播放的速度快于录制速度(相当于时间压缩),则整个音调将会提高(相当于频域扩展,高频分量增加),特别是在快放时,音调的提高将会非常地明显;反之,如果播放的速度慢于录制速度(相当于时间扩展),则音调将会降低(相当于频域压缩,低频分量增强),此时所听到的音乐将使人感到非常地沉闷。另外,当火车高速开过来时,也会明显地感觉到其汽笛声调的变高,这也是尺度变换的一个例子。

在本实验平台中,尺度变换是通过对语音的数据文件提高或减慢播放速度来实现的,通过对原始信号、快速播放信号、减速播放信号的频谱分析,加深对尺度变换的理解。

四、实验步骤

（1）连接麦克风和耳机分别连接至模块 Ⓢ10 上的 MIC₁ 与 PHONE₁ 接口。

（2）将"话筒输出"TH₃ 连接至"ADC 输入"TH₂，即将话筒音频输出信号引入至数据采集单元。

（3）用 USB 线连接计算机和模块 Ⓢ10 。模块 Ⓢ10 开电。

（4）运行数字信号处理系统软件，点击软件下方的"信号采集与处理"功能项。

（5）点击保存文件路径设置按键 ... ，并填写文件名和设置保存路径。比如 123.dat 保存在电脑桌面。

（6）设置单格电压（比如 500 mV），设置显示时间（比如 2 ms），点击"开始采集"。对着话筒说一段话，再停止采集，从而缓存一段话音数据。

（7）先点击软件菜单栏的"信号尺度变换"，此时尺度变换系统选择框中，"变换"按键由灰变亮。再选择系数 $f(t/2)$，并点击"变换"按键，再点击"开始回放"，此时模块 DAC 输出为 $f(t/2)$ 信号，可以通过耳麦感受变换后的效果。

（8）同样，再点击菜单栏的"信号尺度变换"，选择系数 $f(2t)$，点击"变换"按键，再点击"开始回放"，此时模块 DAC 输出为 $f(2t)$ 信号，可以通过耳麦感受变换后的效果。

（9）最后，再选择系数 $f(t)$，重新感受原始音频数据的效果。

实验四 音频信号带限处理及 FIR 数字滤波器设计

一、实验目的

（1）了解数字滤波器的作用与原理。
（2）了解数字滤波器的设计实现过程。

二、实验仪器

数据采集 & 虚拟仪器模块 Ⓢ10 1块；
USB-D 数据连接线 1 根；
示波器 1 台；
耳麦 1 副。

三、实验原理

当我们仅对信号的某些分量感兴趣时，可以利用选频滤波器，提取其中有用的部分，而将其他信息滤去，滤波器的一项基本任务即对信号进行分解与提取。

目前 DSP 系统构成的数字滤波器已基本取代了传统的模拟滤波器，数字滤波器与模拟滤波器相比具有许多优点。用 DSP 构成的数字滤波器具有灵活性高、精度高和稳定性高，体积小、性能高,便于实现等优点。因此在这里选用数字滤波器来实现信号的分解。

四、实验步骤

本实验中,将通过设计一个采样频率为 48 kHz、截止频率为 1 kHz 的 FIR 低通滤波器来学习数字滤波器的作用与设计实现。实验步骤如下:

(1)连接麦克风和耳机分别连接至 (S10) 号模块上的 MIC_1 与 $PHONE_1$ 接口。

(2)将"话筒输出"TH_3 连接至"ADC 输入"TH_2,即将话筒音频输出信号引入至数据采集单元。

(3)用 USB 线连接计算机和模块 (S10)。模块 (S10) 开电。

(4)运行数字信号处理系统软件,点击软件上方的"滤波器设计"功能项。

(5)按照图 2-4-1 设置滤波器参数。

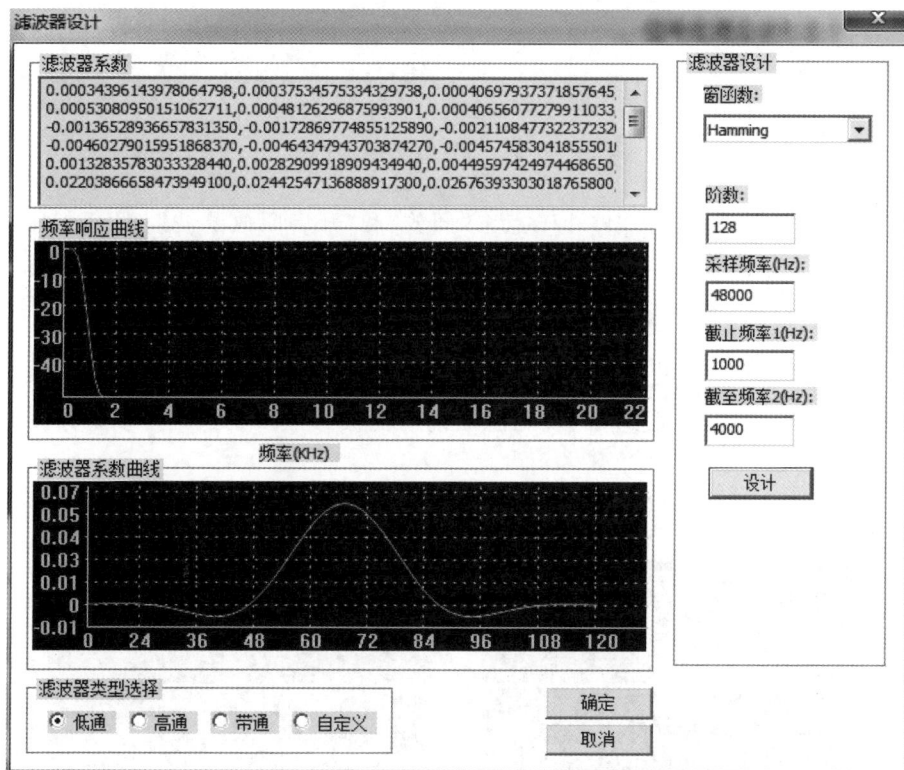

图 2-4-1　设置滤波器参数

将滤波器类型设置为"低通",窗函数选择为"Hamming",采样频率"48 000"Hz,截止频率 1(Hz)设置为"1 000",截止频率 2(Hz)设置此时无效,阶数设置为 128。

(6)点击"设计",即可生成滤波器系数。点击"确定"。

(7)点击软件上方的信号采集与处理功能项,自行设置单格电压和显示时间,点击 ⋯ 设置文件保存路径与文件名,点击"开始采集",点击"开启实时滤波",通过软件中的原始波形显示区和处理后波形显示区,对比观测滤波前后的效果,如图 2-4-2 所示。

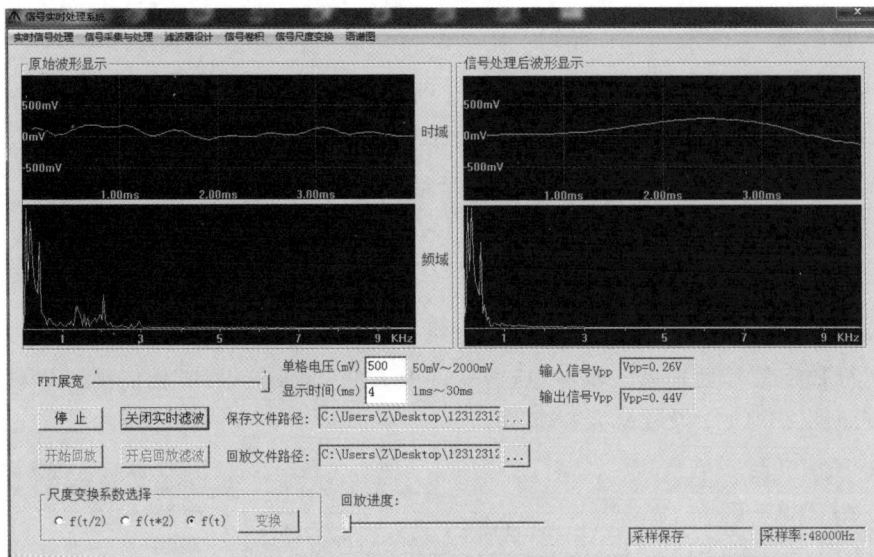

图 2-4-2　信号滤波前后比较

(8)采集一段时间之后点击"停止",点击"回放"和"开启回放滤波",即可在耳机中听到经过滤波之后的音频信号,也可以点击"关闭回放滤波",对比滤波前后的音频信号。

(9)同样,也可以将模块 ⑤2 的模拟输出 P₂ 作为输入信号源,连接到模块 ⑤10 的 ADC 输入 TH₂ 端口,按 ⑤2 模块的 S₄ 选择方波,调节频率为 500 Hz,观测时域频域波形。并自行设置滤波器系数,比如 2k 低通,再观测滤波前后的波形效果。2-4-3 为方波滤波前后的波形效果图。

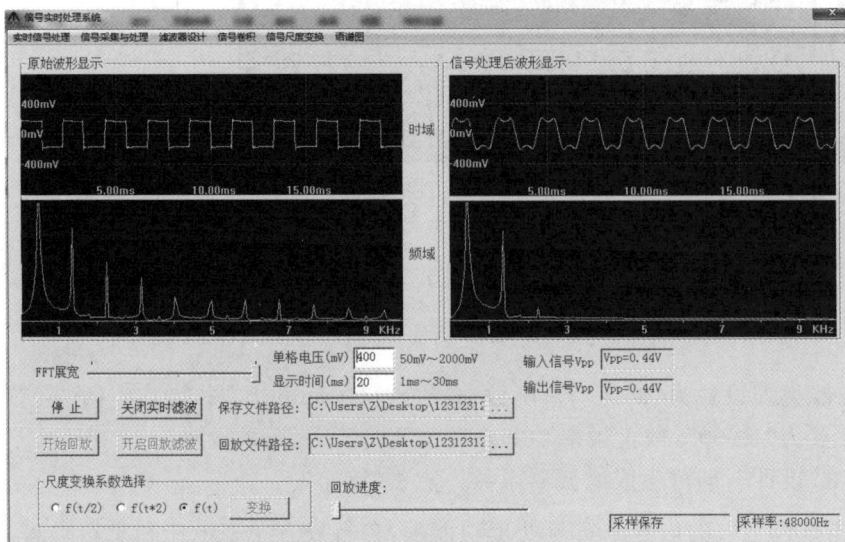

图 2-4-3　方波信号滤波前后比较

第三章　定制实验箱介绍

信号与系统综合实验箱是根据多年开设"信号与系统实验"课程,经过不断改进而定制的,专门为信号与系统实验课程设计,提供了对信号的频域、时域分析的实验手段。

实验箱的主要功能:可进行阶跃响应与冲激响应的时域分析;借助于 DSP 技术实现信号频谱的分析与研究、信号的分解与合成的分析与实验;抽样定理与信号恢复的分析与研究;连续时间系统的模拟;一阶、二阶电路的暂态响应;二阶网络状态轨迹显示、各种滤波器设计与实现等。

实验箱自带实验所需的电源、信号发生器、扫频信号源、数字电压表、数字频率计,其中数字电压表和数字频率计均采用自行设计电路,让仪表部分充分与本实验系统相配合。

实验箱采用了 DSP 新技术,将模拟电路难以实现或实验结果不理想的"信号分解与合成""信号卷积"等实验得以准确地演示,并能生动地验证理论结果;可系统地了解并比较无源、有源、数字滤波器的性能及特性,学会数字滤波器的设计与实现。

实验箱配有 DSP 标准的 JTAG 插口及 DSP 同主机 PC 的通信接口,可方便学生在相关软件上进行二次开发(可用仿真器或不用仿真器),完成一些数字信号处理、DSP 应用方面的实验。如:各种数字滤波器设计、频谱分析、卷积、A/D 转换、D/A 转换、DSP 定时器的使用、DSP 基本 I/O 口使用等。

考虑到实验内容的层次性,在数字信号处理部分固化了实验必须的程序代码,通过拨码开关以及单片机 HPI 口,可以很方便地进行实验内容的选择。本章包括以下模块。

模块 (S1):电压表及直流信号源模块。

模块 (S2):信号源及频率计模块。

模块 (S3):抽样定理及滤波器模块。

模块 (S4):数字信号处理模块。

模块 (S5):一阶网络模块。

模块 (S6):二阶网络模块。

模块 (S7):系统相平面分析和极点对频响特性的影响模块。

模块 (S8):调幅及频分复用模块。

模块 (S9):基本运算单元及连续系统模拟模块。

模块 (S24):频谱分析模块。

模块 Ⓢ1 电压表及直流信号源模块

一、此模块主要含有两个部分:电压表和直流信号源

电压表可测量直流信号的幅度及交流信号的峰-峰值,其中直流信号的测量幅度范围为 $-10\sim10$ V,交流信号峰-峰值的测量范围是 $0\sim20$ V(测量交流信号的频率范围是 100 Hz~200 kHz)。直流信号源可输出 $-5\sim+5$ V 幅度连续可调直流信号,直流信号的输出点为 P_1、P_2。

二、模块端口及测试点简要说明

S_1:模块的供电开关。

S_2:选择测量的外部信号为交流信号或直流信号。

P_1、P_2:分别为直流信号 1 和 2 的输出端口。

P_3:电压表的输入端口(外部信号输入)。

W_1、W_2:直流信号电压的控制旋钮。

模块 Ⓢ2 信号源及频率计模块

该模块包含有模拟信号源功能、扫频源、频率计功能以及时钟信号源功能。

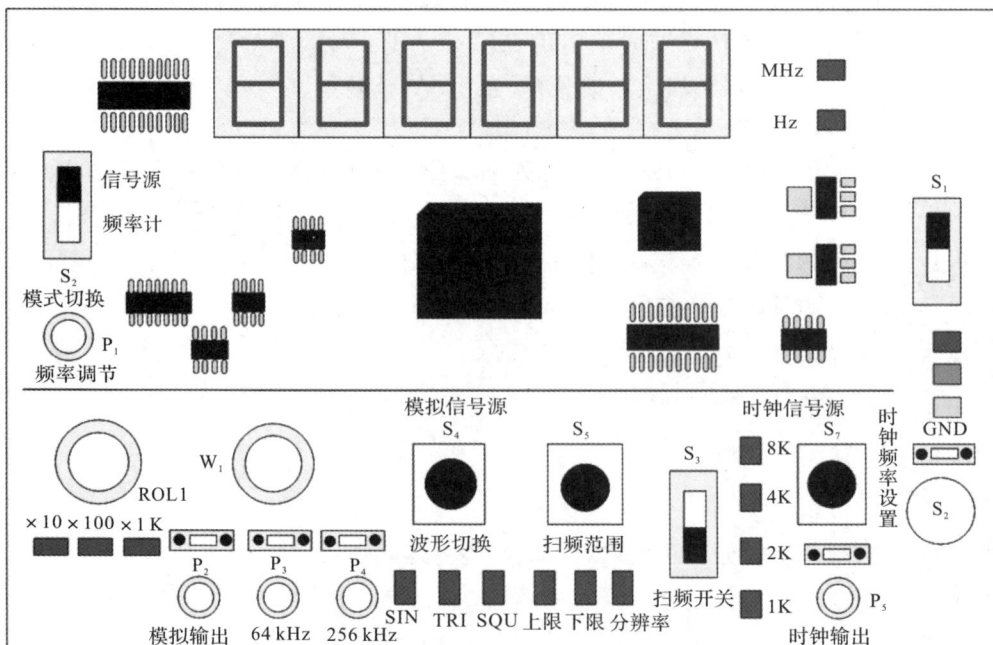

图 3-2-1 模块 Ⓢ2 可调旋钮、指示灯、按键、开关以及测试端口的位置标识图

一、模块端口及测试点简要说明

P_1:频率计输入端口。

P_2:模拟信号输出端口。

P_3:64 kHz 载波输出端口。

P_4:256 kHz 载波输出端口。

P_5:时钟信号源输出端口。

S_1:模块的供电开关。

S_2:模式切换开关。开关拨上选择"信号源"模式,开关拨下选择"频率计模式"。

S_3:扫频开关。当开关拨向上拨时,开始扫频;当开关向下拨时,停止扫频。

S_4:波形切换开关。

S_5:扫频设置按钮。

S_7:时钟频率设置。

W_1:模拟信号输出幅度调节旋钮。

ROL_1:模拟信号频率调节。频率:轻按旋转编码器可选择信号源频率步进。顺时针旋转增大频率,逆时针旋转减小频率。频率旋钮下有三个标有×10、×100、×1 k 的指示灯指示频率步进(见表 3-2-1)。

表 3-2-1 LED 与频率步进关系

亮的 LED	频率步进
×10	10 Hz
×100	100 Hz
×1 k	1 kHz
×10×1 k	10 kHz
×100×1 k	100 kHz
×10×100×1 k	1 MHz

二、模拟信号源功能说明

模拟信号源功能主要由 P_2、P_3 和 P_4 三个端口输出。

P_3 端口输出固定幅度和固定频率为 64 kHz 的正弦波信号。

P_4 端口输出固定幅度和固定频率 256 kHz 的正弦波信号。

P_2 端口输出的波形可提供三种,分别为正弦波、三角波、方波。P_2 输出信号是通过"波形切换 S_4"按键开关进行切换波形;其频率可以通过"频率调节 ROL_1"旋钮来调节,正弦波频率的可调范围为 10 Hz~2 MHz,三角波和方波频率的可调范围为 10 Hz~100 kHz。其输出幅度可由"模拟输出幅度调节"旋钮控制,可调范围为 0~5 V(注意:使用 P_2 输出信号时,需将"扫频开关 S_3"拨至"OFF"状态)。

可进行如下操作,以便于熟悉信号源功能的使用:

(1)实验系统加电,将"扫频开关 S₃"拨至"OFF"状态,按下波形切换按钮 S₄,如选择输出正弦波,则对应指示灯"SIN"亮。

(2)用示波器进行观察测试点 TP₂ 或端口 P₂,可观测到正弦波。

(3)调节信号幅度调节旋钮 W₁,可在示波器上观察到信号幅度的变化;按击"频率调节 ROL1"可选择频率步进挡位,再旋转 ROL1 可改变频率值,在示波器上观察到信号频率的变化。

(4)再单击 S₄ 选择三角波,对应的"TRI"指示灯亮,用示波器在 TP₂ 处可以观测到三角波。

(5)按下 S₄ 选择方波,对应的"SQU"指示灯亮,用示波器在 P₂ 处观察方波。

(6)在 P₂ 输出方波情况下可设置方波的占空比:长按"ROL1"2 s,数码管会显示"50",表示已切换到占空比设置功能,且当前占空比为 50%;然后调节"ROL1"来调节方波的占空比,其可调范围是 6%~93%;若再次快速单击"ROL1"则切换回频率调节功能。

三、扫频源功能说明(注:标识图中红色小方框标识指示灯)

当"扫频开关 S₃"拨至"ON"状态时,才能开启扫频源功能。扫频源功能开启后,扫频信号输出端口为 P₂,幅度为 3.8 V,可用示波器观测。

注:此时频率上限设置为 10 000 Hz,频率下限设置为 500 Hz,分辨率设置为 100。

图 3-2-2 为扫频源信号实测图。扫频信号源的设置主要通过"扫频设置 S₅"按键、"频率调节 ROL1"旋钮以及"模拟输出幅度调节 W₁"旋钮配合调节。

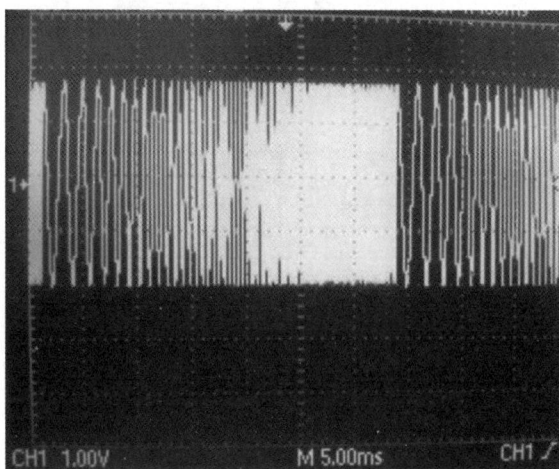

图 3-2-2　扫频源信号实测图

具体方法是:模块开电,将"扫频开关 S₃"拨至"ON"状态,即开启扫频功能;此时"上限"指示灯亮时,可通过"ROL1"旋钮改变扫描频率的终止点(最高频率),调节的频率值在数码管上显示。再点击"扫频设置 S₅"按键,此时"下限"指示灯亮时,可通过"ROL1"旋钮改变扫描频率的起始点(最低频率),调节的频率值在数码管上显示;再点击"扫频设置 S₅"按键,此时"分辨率"指示灯亮时,可通过"ROL1"旋钮改变扫描频率的起始点(最低频率),数码管显示为灭,调节"ROL1"来设置"下限频率"和"上限频率"之间的频点数。一般而言,频点数越少,扫频速度越快;反之,扫频速度越慢。

四、频率计功能说明

频率计具有内测模式和外测模式,通过"模式切换 S_2"开关来选择。当开关 S_2 拨至"信号源"时,则数码管显示当前模拟信号源 P_2 的输出频率;当开关 S_2 拨至"频率计"时,则频率计可测量外部引入信号的频率值,其输入端口为"频率计输入 P_1"。频率计的测量范围: 1 Hz～2 MHz。频率计的精确度为 98.6%。

五、时钟信号源功能说明

时钟信号源由"时钟输出 P_5"端口输出时钟信号。可通过"时钟频率设置 S_7"按键切换输出四种频率,每种频率信号对应 5 种占空比。时钟频率为 1 kHz、2 kHz、4 kHz、8 kHz。选择其中一种频率时,相应指示灯会亮。模块上电时默认为频率切换的功能(此时频率对应的指示灯处于常亮),短按 S_7,可实现频率切换;进入占空比设置的方法:在频率切换功能的状态下,长按 S_7 至频率指示灯处于闪烁状态时,可短按 S_7 设置方波的占空比有 10%、20%、30%、40%、50%五种。长按直到指示灯变为常亮的状态,功能切换为设置频率。

六、二次开发下载口

J1 端口:对芯片做二次开发时的下载端口。

模块 Ⓢ3　抽样定理及滤波器模块

模拟滤波器部分提供了多种有源无源滤波器,包括低通无源滤波器、低通有源滤波器、高通无源滤波器、高通有源滤波器、带通无源滤波器、带通有源滤波器、带阻无源滤波器和带阻有源滤波器。学生可以根据自己的需要进行实验。在模块上共提供了 8 个信号输入点。

一、8 个信号输入点

P_1:无源低通滤波器信号输入点。

P_5:有源低通滤波器信号输入点。

P_9:无源带通滤波器信号输入点。

P_{13}:有源带通滤波器信号输入点。

P_3:无源高通滤波器信号输入点。

P_7:有源高通滤波器信号输入点。

P_{11}:无源带阻滤波器信号输入点。

P_{15}:有源带阻滤波器信号输入点。

二、8 个信号输出点及相应的信号观测点

P_2:无源低通滤波器信号输出点(相应的观测点为 TP_2)。

P_6:有源低通滤波器信号输出点(相应的观测点为 TP_6)。

P_{10}:无源带通滤波器信号输出点(相应的观测点为 TP_{10})。

P_{14}:有源带通滤波器信号输出点(相应的观测点为 TP_{14})。

P_4:无源高通滤波器信号输出点(相应的观测点为 TP_4)。

P_8:有源高通滤波器信号输出点(相应的观测点为 TP_8)。

P_{12}:无源带阻滤波器信号输出点(相应的观测点为 TP_{12})。

P_{16}:有源带阻滤波器信号输出点(相应的观测点为 TP_{16})。

在该模块上还设置了抽样定理实验。通过本实验可观测到抽样过程中的各个阶段的信号波形。在模块上,共有 3 个输入点、2 个输出点及 2 个信号观测点,分别为:

P_{17}:连续信号输入点(其相对应的观测点为 TP_{17})。

P_{18}:外部开关信号输入点。

P_{19}:抽样信号输入点。

P_{20}:连续信号经采样后的输出点(其相应的观测点为 TP_{20})。

P_{22}:抽样信号经滤波器恢复后信号的输出点。

TP_{21}:开关信号观测点。

TP_{22}:抽样信号经滤波器恢复后的信号波形观测点。

三、模块上的调节点

S_1:模块的供电开关。

S_2:开关选择同步抽样和异步抽样。当开关拨向左边时选择同步抽样,拨向右边时选择频异步抽样方式。

W_1:调节异步抽样频率。

模块 ⑤4 数字信号处理模块

一、数字信号处理模块功能说明

数字信号处理模块采用多种可编程器件,具有多种实验功能。该模块主要通过拨码开关 SW_1 的拨码值来选择所需要的功能。SW_1 的拨码值可参考 SW_1 码值功能对应表说明来设置,或者根据具体实验项目的操作步骤要求来设置。

二、此模块上 PCB 丝印标识及端口简要说明

P_9:模拟信号输入。

TP_9:从 P_9 输入的信号经幅度调整的测试点。

P_1、P_2、P_3:这三个插孔分别是基波、二次谐波、三次谐波的输出点(其对应的信号观测点分别为 TP_1、TP_2、TP_3)。

TP_1、TP_2、TP_3、TP_4、TP_5、TP_6、TP_7、TP_8:这些测试点的输出波形与模块设置的具体功能相关。当模块用于信号分解与合成功能时,TP_1、TP_2、TP_3、TP_4、TP_5、TP_6、TP_7、TP_8 这

八个测试点分别是方波分解信号的一次谐波、二次谐波、三次谐波、四次谐波、五次谐波、六次谐波、七次谐波、八次以上谐波。当模块用于方波信号自卷积功能时,TP$_1$ 为方波自卷积的输出测试点。当模块用于方波与锯齿波的卷积功能时,TP$_1$ 为卷积信号输出测试点,TP$_2$为锯齿波和矩形信号测试点(锯齿波和矩形信号由模块自身产生,无需外接)。

　　S$_2$:复位开关。

　　SW$_1$:8 位拨码开关。通过此开关的不同设置,可以选择不同的实验功能。其对应的列表见表 3-4-1。

表 3-4-1　拨码开关对应的实验内容

开关 SW$_1$ 设置	实验内容
00000001	常规信号观测
00000010	矩形信号自卷积
00000011	矩形信号与锯齿波(矩形信号)卷积
00000100	(1 kHz 或 2 kHz)方波信号分解与合成
00000101	(400 Hz、500 Hz 或 600 Hz)方波信号分解与合成
00000110	相位对(400 Hz、500 Hz 或 600 Hz)信号合成的影响
00001000	数字频率合成
00001011	相位对(1 kHz 或 2 kHz)信号合成的影响
00001100	用于抽样恢复的数字滤波器 (S$_3$ 对应的滤波器 1 kHz、2 kHz、3 kHz、4 kHz、5 kHz、6 kHz、7 kHz、8 kHz)
00001101	抽样功能 (S$_3$ 对应 1 kHz、2 kHz、4 kHz、8 kHz、16 kHz、32 kHz、64 kHz、128 kHz 采样率)
00001110	频谱分析
00010000	方波信号的频谱分析实验
00010001	门信号的频谱分析实验
00010010 10010010	开关拨为 00010010 时,选择 DSP 芯片处于低通滤波器法方波信号的分解功能,按下 S$_2$ 按键则加载 DSP 程序。 DSP 程序程序加载完成之后开关拨为 10010010,此时激活 S$_2$ 按键切换滤波器系数的功能

　　注:开关 SW$_1$ 的某个码位拨至 ON 时,表示拨码值为 1。例如,拨码开关状态为 ,则该拨码值为 00001101。

　　S$_3$:8 位拨码开关。

　　(1)当该模块用于信号分解与合成功能时,S$_3$ 分别为各次谐波的叠加开关,当所有的开关都闭合时合成波形从 TP_8 输出。$TP_1 \sim TP_8$ 为各次谐波的波形的观测点。

(2)当该模块用于抽样恢复的数字滤波器时,可以设置 S_3 对应改变滤波器 $1 \sim 8$ kHz。比如,当用于抽样恢复的滤波器功能时(即 SW_1 拨为 00001100),若 S_3 拨为 01000000,则表示此时模块为 2 kHz 低通滤波器。

(3)当该模块用于抽样功能时,可以设置 S_3 对应改变抽样率,S_3 对应 1 kHz、2 kHz、4 kHz、8 kHz、16 kHz、32 kHz、64 kHz、128 kHz 采样率。比如,当模块为抽样功能时(即 SW_1 拨为 00001101),若开关 S_3 拨为 00100000,则表示此时抽样时钟为 4 kHz。

(4)当该模块用于互卷积功能时,可以设置 S_3 对应输出信号的类型为矩形信号或锯齿波信号,如开关 S_3 第 8 位拨为 1 时,TP_2 输出为矩形信号,开关 S_3 第 8 位拨为 0 时,TP_2 输出锯齿波信号。还可以设置 S_3 的前 7 位拨码开关改变输出信号的占空比为 6.25％、12.5％、18.75％、25％、31.25％、37.5％、43.75％。如 S_3 拨为 10000001 时,TP_2 输出占空比为 43.75％的矩形波信号。

(5)当该模块用于常规信号观测时,可以设置 S_3 对应选择常规信号类型(见表 3 - 4 - 2)。

表 3 - 4 - 2 拨码开关对应的输出波形

开关 S_3	模块用于常规信号观测功能时,TP_1 输出波形
10000000	指数信号(增长)
01000000	指数信号(衰减)
00100000	指数正弦信号(增长)
00010000	指数正弦信号(衰减)
00001000	抽样信号
00000100	钟形信号

J_1:串口转 USB 通信接口。该接口主要用于计算机上位机软件与模块之间的通信连接功能。

模块 ⑤ 一阶网络模块

一、一阶电路暂态响应部分

用户可以根据自己的需要在此模块上搭建一阶电路,并观察实验波形。该部分共有 6 个测量点和若干信号插孔,分别为:

TP_1、TP_4:输入信号波形测量端口。

TP_6、TP_7:一阶 RC 电路输出信号波形测量端口。

TP_8、TP_9:一阶 RL 电路输出信号波形测量点。

二、信号插孔

P_1、P_4:信号输入插孔。

P_2、P_3、P_5、P_6、P_7、P_8、P_9：电路连接插孔。

三、阶跃响应冲激响应部分

在此部分,用户接入适当的输入信号,可观测到输入信号的阶跃响应和冲激响应。此部分共有 4 个测量点,分别为:

P_{10}：冲激响应时,输入信号波形的测量端口(相应信号测试点为 TP_{10})。

P_{11}：电路连接插孔(冲激信号观测点为 TP_{11})。

P_{12}：阶跃响应时,输入信号波形的测量端口(相应信号测试点为 TP_{12})。

TP_{14}：冲激响应、阶跃响应信号输出观测点。

四、无失真传输部分

P_{15}：信号输入点。

TP_{16}：信号经电阻衰减观测点。

TP_{17}：信号输出观测点。

W_2：阻抗调节电位器。

模块 Ⓢ⑥　二阶网络模块

一、二阶电路传输特性部分

采用 741 搭建的两种二阶电路,可观测分析信号经过不同二阶电路的响应,及二阶电路特性。该部分的信号插孔和测量点分别为:

P_1、P_2：信号输入插孔。

TP_3：二阶 *RC* 电路传输特性测量点。

TP_4：二阶 *RL* 电路传输特性测量点。

二、二阶网络状态轨迹部分

此部分除了可以完成二阶网络状态轨迹观察的实验,还可完成二阶电路暂态响应观察的实验。该部分信号插孔和测量点分别如下:

P_5：信号输入插孔。

TP_5：输入信号波形观测点。

TP_6、TP_7、TP_8：输出信号波形观测点。

三、二阶网络函数模拟部分

通过电系统来模拟非电系统的二阶微分方程,P_9 为阶跃信号的输入点(TP_9 为其测试点)。

Vh：反映的是有两个零点的二阶系统,可以观察其阶跃响应的时域解(TP_{10} 为其对应的观测点)。

Vt:反映的是有一个零点的二阶系统,可以观察其阶跃响应的时域解(TP$_{11}$ 为其对应的观测点)。

Vb:反映的是没有零点的二阶系统,可以观察其阶跃响应的时域解(TP$_{12}$ 为其对应的观测点)

W$_3$、W$_4$:对尺度变换的系数进行调节。

模块 S7 系统相平面分析和极点对频响特性的影响模块

一、系统相平面分析部分

P$_1$:固定系统的信号输入端口。

P$_2$:固定系统的信号输出端口。

P$_3$:系统特性可变系统信号输入端口。

P$_4$:系统特性可变系统信号输出端口。

W$_1$:可调节系统相位特性。

二、极点对频响特性的影响

P$_5$:系统反馈接入点。

P$_6$:系统信号输入点(通过该端口的不同接线方式,可改变系统极点的不同位置)。

P$_7$:信号输出端口。

W$_2$:可调节系统截止频率。

模块 S8 调幅及频分复用模块

此模块可以完成幅度调制及解调、频分复用及解复用的实验,并且可以通过相应的观测点来观测信号的变化情况。

一、模块上信号插孔及观测点

P$_1$、P$_3$:载波输入(从模块 S2 上的 P$_3$、P$_4$ 端口引入),相应的信号观测点为 TP$_1$、TP$_3$。

P$_2$、P$_4$:模拟信号输入(一路由模块 S2 上的 P$_2$ 提供,一路由数字信号处理模块提供),相应的信号观测点为 TP$_2$、TP$_4$。

P$_5$:幅度调制输出 1(其相应的观测点为 TP$_5$)。

P$_6$:幅度调制输出 2(其相应的观测点为 TP$_6$)。

P$_7$:复用输入信号 1。

P$_8$:复用输入信号 2。

P$_9$:两路信号经过时分复用之后的输出点(其相应的观测点为 TP$_9$)。

P$_{10}$:复用信号输入端口。

二、解复用及解调部分还包含了 6 个信号的观测点

TP_{12}:信号解复用输出之一。

TP_{13}:信号解复用输出之二。

TP_{14}:解复用信号经解调后信号输出之一。

TP_{15}:解复用信号经解调后信号输出之二。

TP_{16}:解调信号输出 1。

TP_{17}:解调信号输出 2。

模块 (S9)   基本运算单元与连续系统模拟模块

本模块提供了很多开放的电路电容,可根据需要搭建不同的电路,进行各种测试。如可实现加法器、比例放大器、积分器及一阶系统的模拟。

一、信号插孔和测试点

P_1、P_2:运算器放大器 U_1 的输入信号插孔,分别对应运放的 DIP_3 和 DIP_2。

P_3:运算放大器 U_1 的输出信号插孔。

P_4、P_5:运算器放大器 U_2 的输入信号插孔,分别对应运放的 DIP_3 和 DIP_2。

P_6:运算放大器 U_2 的输出信号插孔。

$P_7 \sim P_{42}$:元器件选择插孔。

TP_3:运算放大器 U_1 的输出。

TP_6:运算放大器 U_2 的输出。

模块 (S24)   频谱分析模块

一、模块简介

模块 (S24) 采用 TMS320VC5509A。可配合示波器测量输入信号的频谱特性。

二、端口说明

P_3、TH_1:频谱分析信号输入。

W_1:调节输入信号幅度,使频谱分析输入信号不失真。

TH_{11}:频谱分析输出。

TH_{10}:扫频信号输出,用于模拟示波器 XY 模式显示。

$DIN_1 \sim DIN_4$:FPGA 输入端口,待扩展。

$DOU_1 \sim DOUT_4$:FPGA 输出端口,待扩展。

三、操作说明

(1)将数据信号引入 TH$_1$ 或 P$_3$。

(2)在主控模块上设置频谱分析的采样率(采样率设置要大于最高谐波频率的 2 倍)。可以选择的采样率有 5 MHz、2.5 MHz、1.25 MHz、500 kHz、250 kHz、125 kHz、50 kHz、25 kHz、12.5 kHz、5 kHz、2.5 kHz、1.25 kHz、500 Hz。

(3)示波器通道 CH$_1$ 接 TH$_{11}$(X 输出),建议其幅度挡设置在 1 V/div 或 500 MV/div。通道 CH$_2$ 接 TH10(Y 输出),建议其幅度挡设置在 1 V/div。触发源设置为 CH$_2$ 触发,示波器设置为 XY 模式显示,适当调节通道 CH$_1$ 和 CH$_2$ 的位移旋钮,使 XY 挡所示波形在示波器屏幕中。观测频谱分析输出。由于模块 (S24) 对输入信号的幅度有一定限制,所以需要调节电位器 W$_1$ 改变幅度,使频谱分析的效果最好。

第四章　软件工具安装及使用说明

软件一　CCS 集成环境与 Simulator 的简要说明

一、CCS 集成环境

Code Composer Studio(以下简称 CCS)是 TI 公司为 TMS320 系列 DSP 软件开发推出的集成开发环境。CCS 将源代码编辑环境、代码生成工具和调试工具集于一体,使程序的调试与修改以及代码生成更为简便。更为重要的是,CCS 加速和增强了实时、嵌入信号处理的开发过程,提供了配置、构造、调试、跟踪和分析程序的工具,在基本代码产生工具的基础上增加了调试和实时分析的功能。开发设计人员可在不中断程序运行的情况下查看算法的对错,实现对硬件的实时跟踪调试,从而大大缩短程序的开发时间。

1. CCS 的构成

图 4-1-1 所示为 CCS 组件及工作机理,TMS320C54xCCS 由以下四部分组件构成。

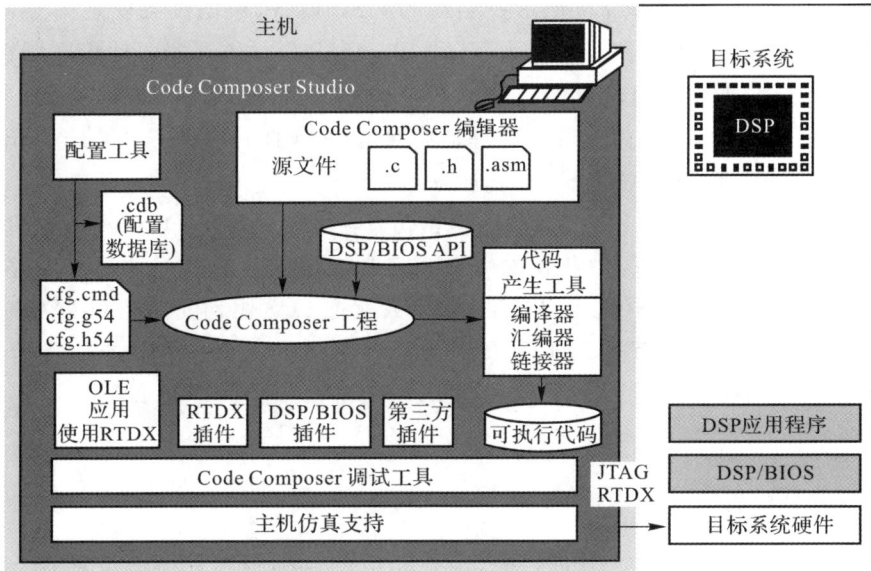

图 4-1-1　CCS 组件及工作机理

（1）TMS320C54x 代码产生工具，如汇编器、链接器、C/C++编译器、建库工具等。

（2）CCS 集成开发环境（Integrated Developing Environment，IDE），包括编辑器、工程管理工具、调试工具等。

（3）DSP/BIOS（Basic Input and Output System）插件及应用程序接口 API（Application Program Interface）。

（4）RTDX（Real Time Data eXchange）实时数据交换插件、主机（Host）接口及相应的 API。

由于 CCS 的内容十分丰富，本书限于篇幅，所以仅介绍 CCS 集成环境中最主要的内容，有关 DSP/BIOS 和 RTDX 插件只作简要的介绍。

2. CCS 软件开发流程图

CCS 集成开发环境支持图 4-1-2 所示的 DSP 软件开发的各个阶段。

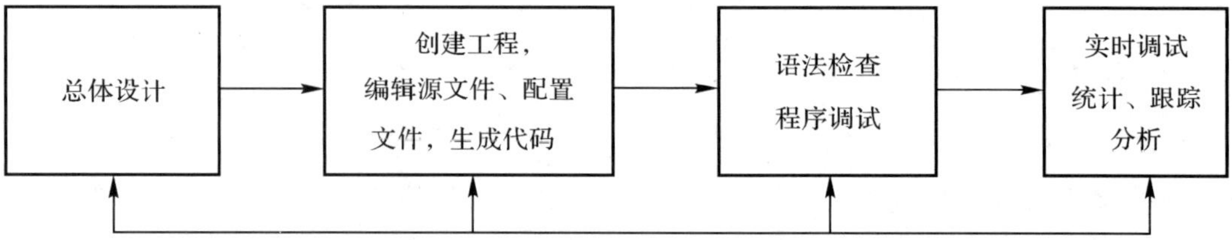

图 4-1-2　CCS 软件开发流程图

二、CCS 软件及仿真器驱动安装

（1）安装 CCS 软件。例如：选择 CCS 3.3 安装包进行安装。

（2）安装仿真器 USB 设备驱动程序。将仿真器通过随机的 USB 2.0 通信电缆连接到计算机的 USB 2.0 接口上；系统将提示找到新的 USB 设备，根据设备安装向导，选择从列表或指定位置安装，并将搜索路径指定为 XDS510-USB 2.0 仿真器驱动程序所在路径（即仿真器驱动 XDS510 USB Driver 目录），按下一步根据提示完成驱动程序安装。仿真器设备驱动程序安装正确后，在计算机设备管理器中会看到增加了"Texas Instruments Emulators"项，并且下面有"XDS510-USB 2.0"标志。

（3）安装仿真器 CCS 驱动和支持文件。双击仿真器配套光盘中 CCS driver 文件夹目录下的 Setup.Exe 进行安装。注意：在安装过程中一定要指定正确的 CCS 驱动安装路径。比如 CCS 软件安装在 C:\CCStudio_v3.3 目录下面，那么就把 CCS 驱动安装在 C:\CCStudio_v3.3 目录下面，否则会导致后面启动 CCS 出错而无法进入 CCS 界面。安装后，可以在 C:\CCStudio_v3.3\cc\bin 看到多了一个 XDS510U2.cfg 配置文件，说明已经安装好 CCS 驱动。

三、CCS 软件配置

在安装 CCS 之后运行 CCS 软件之前，需要相应的目标板芯片类型设置 CCS Setup 内容。下面以 CCS 3.3 软件来说明如何配置目标板。

(1)安装好 CCS 后,桌面上产生两个图标  。双击  Setup

CCStudio v3.3。点击【Remove ALL】,然后选择"是",从而先清空 My System 中的目标板,如果没有或者就是自己需要的目标板文件,则不需要进行清空操作(见图 4-1-3)。

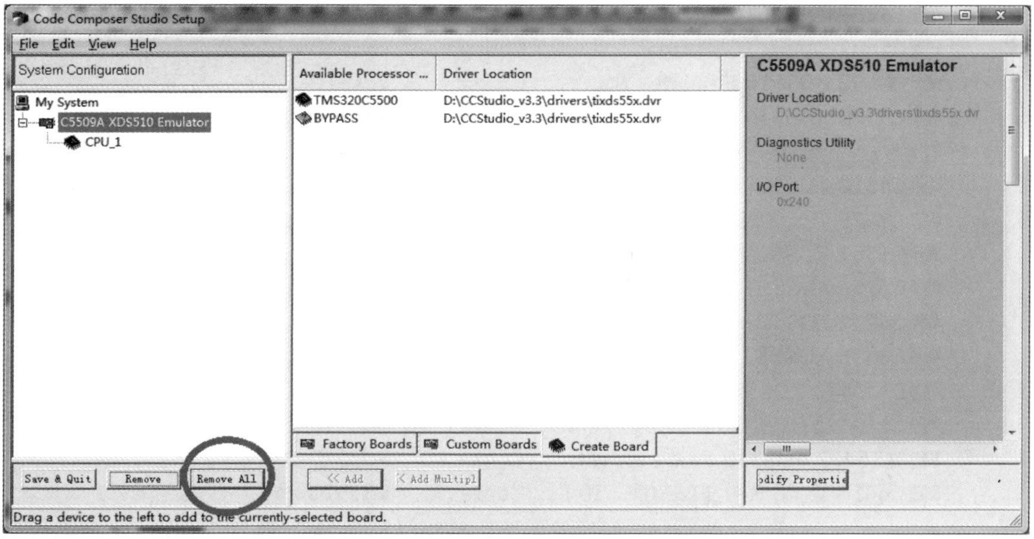

图 4-1-3　CCS 安装过程 1

(2)然后在图 4-1-4 所示的中间窗口中,根据实际使用的目标板芯片选择 XDS510 Emulator 对应驱动文件[例如:目标板是 C5402 则选择 C5402 XDS510 Emulator;目标板是 C5509A 则选择 C5509A XDS510 Emulator(见图 4-1-5)]加载到 My System。

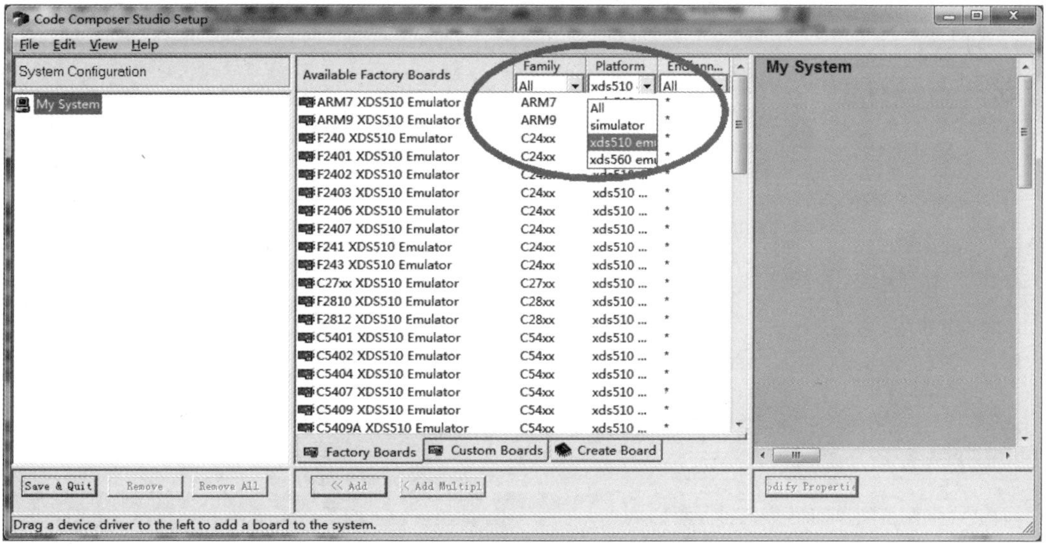

图 4-1-4　CCS 安装过程 2

图 4-1-5 CCS 安装过程 3

（3）右键点击上图左边的 My System 下面的 C5509A XDS510 Emulator 选择【Connection Properties】进行设置。如图 4-1-6 和图 4-1-7 所示，在下拉窗口中选择"Auto-generate board data file with extra configure"，并将文件路径指向 XDS510U2.cfg 文件。

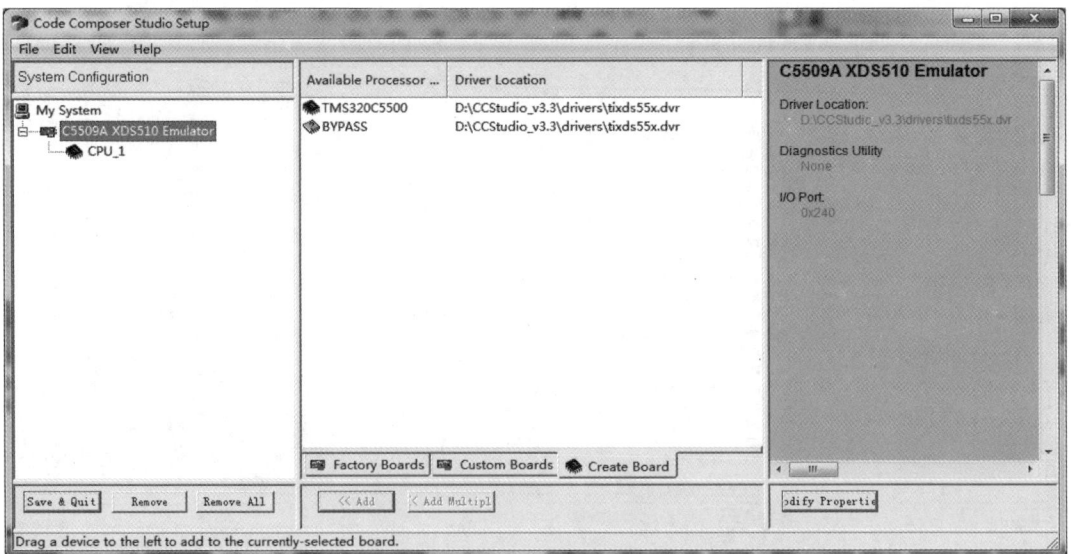

图 4-1-6 CCS 安装过程 4

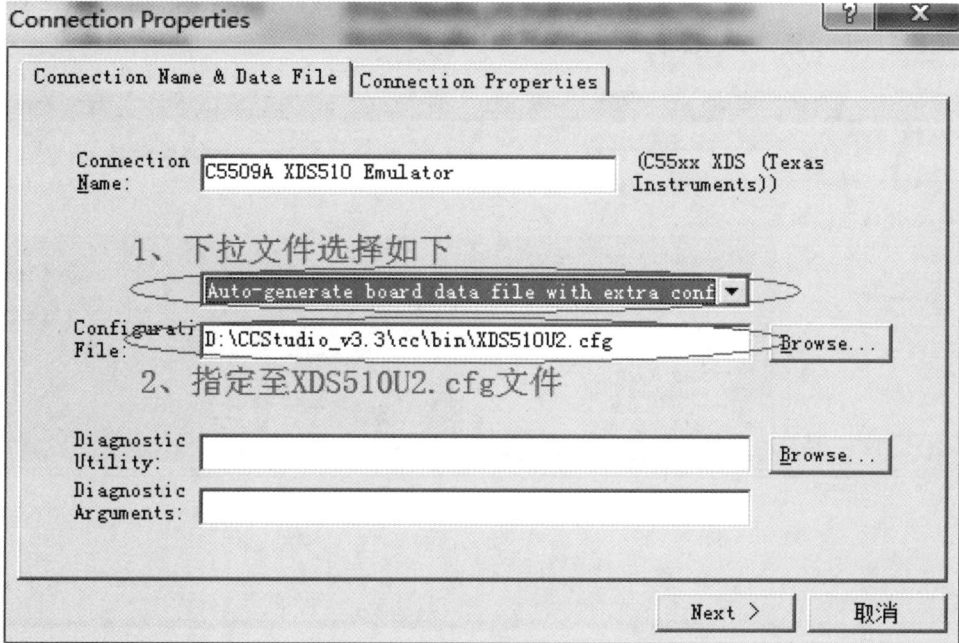

图 4-1-7 CCS安装过程5

(4)点击 NEXT,I/O Port 使用默认的 0x240 设置。点击"Finish"完成目标板配置。
(5)使用同样方法配置 CPU_1 中的 GEL FILE 文件,如 f2407.gel。
(6)最后点击【Save&Quit】保存设置并退出。

(7)双击 启动 CCS 软件,进入 CCS 软件界面(见图 4-1-8)。

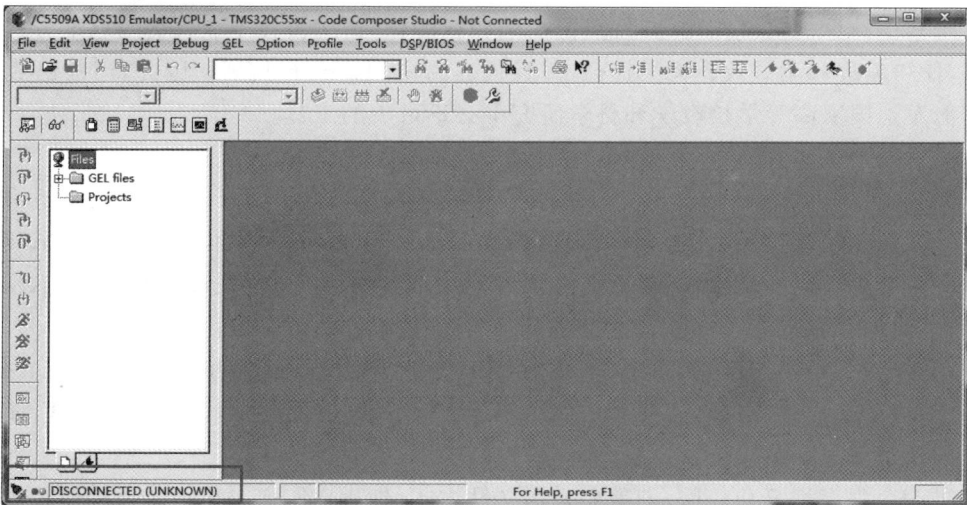

图 4-1-8 CCS软件界面

如果看到图 4-1-8 左下角有红色小叉说明仿真器和目标板没连接上,需要在 CCS 主菜单中选择【Debug】【Connet】即可(见图 4-1-9)。

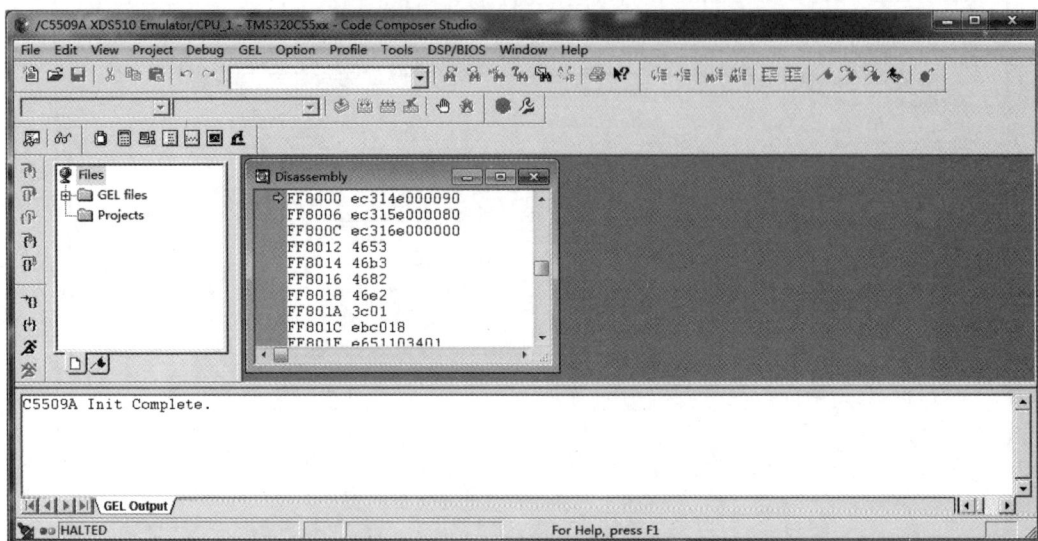

图 4-1-9 CCS 软件提示界面

若出现其他提示窗口,请检查硬件连接和驱动安装及路径是否正确。

软件二 MATLAB 语言在 DSP 设计中的应用

1984 年,美国 Mathworks 公司正式推出了 MATLAB 语言。MATLAB 是"矩阵实验室"(MATrix LABoratoy)的缩写,是一种科学计算软件,主要适用于控制和信息处理领域的分析设计。它是一种以矩阵运算为基础的交互式程序语言,能够满足工程计算和绘图的需求。与其他计算机语言相比,其特点是简洁和智能化,适应科技专业人员的思维方式和书写习惯,使得编程和调试效率大大提高,并且很容易由用户自行扩展。因此,当前已成为美国和其他发达国家高等学校教学和科学研究中必不可少的工具。

一、MATLAB 的工作环境

MATLAB 的工作环境主要由命令窗(Command Windows)、文本编辑器(File Editor)、若干个图形窗(Figure Windows)及文件管理器组成。MATLAB 视窗采用了 WINDOWS 视窗风格(见图 4-2-1)。各视窗之间的切换可用快捷键"Alt+Tab"。

使用 MATLAB 4.x 以上的版本,可在 WINDOWS 主界面上直接点击 MATLAB 图标,进入 MATLAB 命令窗口。在 MATLAB 命令窗下键入一条命令,按[Enter]键,该指令就被立即执行并显示结果。

如果一个程序稍复杂一些,则需要采用文件方式,把程序写成一个由多条语句构成的文件,这时就需要用到文本编辑器。建立一个新文件,应在 MATLAB 命令窗口下点击空白文档符号或在"File"菜单下点击"New",将打开 MATLAB 文本编辑器窗口,显示一个空白的文档。对已经存在的文件,则点击打开文件或在"File"菜单下点击"Open",会自动进入文件选择窗口,找到文件后点亮并打开即可进入 MATLAB 文本编辑器窗口。在 MATLAB 文本编辑器窗口中建立的文件默认为.m 文件。如果要建立的文件是 M 函数文件,即希望被其他程序像 MATLAB 中的库函数那样被调用,则文件的第一句应是函数申明行,如:

$$function \quad [y,w]=XYZ(x,t)$$

式中:function 为 MATLAB 关键字;[]放置输出变量;()中放置输入变量,XYZ 为函数名。当其他程序调用该函数时,只需在程序中直接使用 function 关键字后面的部分。函数申明行是 M 函数文件必不可少的一部分。

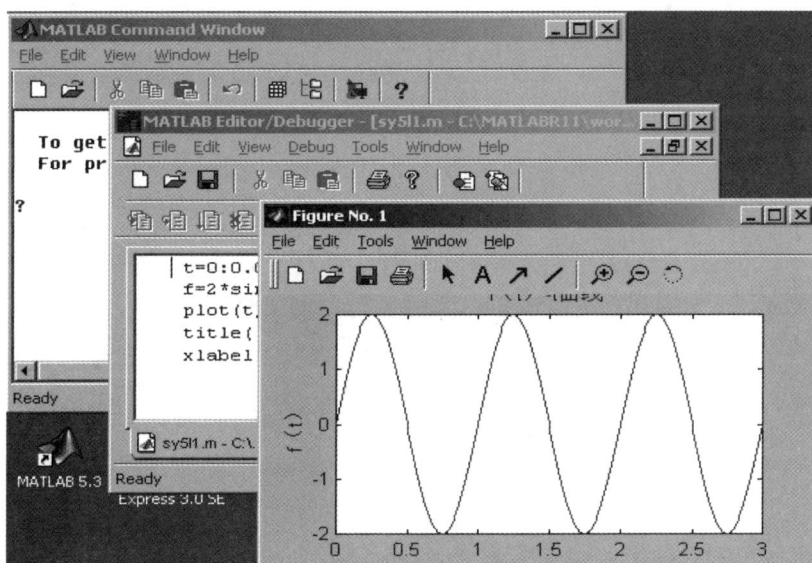

图 4-2-1　MATLAB 的命令窗、文本编辑窗和图形窗

　　程序执行的结果以图形方式显示时,将自动打开图形窗。在程序中,图形窗命令为 figure。MATLAB 允许打开多个图形窗。如果程序中对图形窗没有编号,将按程序执行的顺序自动给图形窗编号。

　　在 MATLAB 命令窗下,还具有许多文件管理的功能。例如,我们自己编写的文件放在一个专门的文件夹中,则需要将这个文件夹的路径存盘。否则,这个文件夹中的文件将不能在 MATLAB 环境下执行。在 MATLAB 命令窗口 File 下选 set Path,将打开一个路径设置窗口。在这个窗口的 Path 菜单下选 Add to Path,找到需要的文件夹,列入 MATLAB 路径,然后在 File 菜单下 Save Path 即可。

　　MATLAB 提供了许多演示程序供使用者参考学习。在 MATLAB 命令窗下键入 demo,将出现 MATLAB 演示图形窗。使用者可根据提示进行操作。通常画面的上半部是图形,下半部是相应的 MATLAB 程序语句。使用者可以在界面上直接修改其中的程序语句并执行,观察其结果。因此 demo 是一个很好的学习辅助手段。

　　MATLAB 语言支持使用 DOS 命令。在 MATLAB 命令窗下执行 DOS 命令,只需在原 DOS 命令前加！(惊叹号)，回车后将直接执行该命令。在用 MATLAB 语言编写的程序中也可以直接使用！加 DOS 命令，作为一条 MATLAB 程序来执行。

二、MATLAB 的基本语法

在 MATLAB 中，变量和常量的标识符最长允许 19 个字符，标识符中第一个字符必须是英文字母。MATLAB 区分大小写，默认状态下，A 和 a 被认为是两个不同的字符。

1. 数组和矩阵

(1)数组的赋值。数组是指一组实数或复数排成的长方阵列。它可以是一维的"行"或"列"，可以是二维的"矩形"，也可以是三维的甚至更高的维数。在 MATLAB 中的变量和常量都代表数组，赋值语句的一般形式为

变量＝表达式(或数)

如键入 a＝[1 2 3；4 5 6；7 8 9]则将显示结果：

```
a＝
    1    2    3
    4    5    6
    7    8    9
```

如键入 X＝[－3.5 sin(6 * pi) 8/5 * (3＋4) sqrt(2)]则将显示：

```
X＝
    －3.5000    －0.0000    11.2000    1.4142
```

数组放置在[ ]中；数组元素用空格或逗号"，"分隔；数组行用分号"；"或"回车"隔离。

(2)复数。MATLAB 中的每一个元素都可以是复数，实数是复数的特例。复数的虚部用 i 或 j 表示。

复数的赋值形式有两种：

```
z＝[1＋1i,2＋2i ;3＋3i,4＋4i]
z＝[1,2;3,4]＋[1,2;3,4] * i
```

得
```
z＝1.000＋1.000i    2.000＋2.000i
   3.000＋3.000i    4.000＋4.000i
```

以上两式结果相同。注意，在第二式中" * "不能省略。

在复数运算中，有几个运算符是常用的。运算符"'"表示把矩阵作共轭转置，即把矩阵的行列互换，同时把各元素的虚部反号。函数 conj 表示只把各元素的虚部反号，即只取共轭。若想求转置而不要共轭，就把 conj 和"'"结合起来完成。例如键入：

w＝z',u＝conj(z),v＝conj(z)'

可得
```
    w＝1.000－1.000i    3.000－3.000i
       2.000－2.000i    4.000－4.000i
    u＝1.000－1.000i    2.000－2.000i
       3.000－3.000i    4.000－4.000i
    v＝1.000＋1.000i    3.000＋3.000i
       2.000＋2.000i    4.000＋4.000i
```

（3）数组寻访和赋值的格式见表 4 － 2 － 1。

表 4 － 2 － 1　常用子数组的寻访、赋值格式

数组的寻访和赋值	使用说明
a(r,c)	由 a 的"r 指定行"和"c 指定列"上的元素组成的子数组
a(r,:)	由 a 的"r 指定行"和"全部列"上的元素组成的子数组
a(:,c)	由 a 的"全部行"和"c 指定列"上的元素组成的子数组
a(:)	由 a 的各列按自左到右的次序,首尾相接而生成"一维长列"数组
a(s)	"单下标"寻访。生成"s 指定的"一维数组。s 若是"行数组"(或"列数组"),则 a(s) 就是长度相同的"行数组"(或"列数组")

例：a＝［1 2 3；4 5 6；7 8 9］；

键入 a(1,2)

显示 ans＝

　　　　　　2

键入 a(2,：)

显示：ans＝

　　　　4　　　5　　　6

键入 a(：,3)

显示：ans＝

　　　　　　3

　　　　　　6

　　　　　　9

其他情况读者可以自行上机观察使用,此处不再一一举例。

执行数组运算的常用函数见表 4 － 2 － 2～表 4 － 2 － 5。

表 4 － 2 － 2　三角函数和双曲函数

名　称	含　义	名　称	含　义	名　称	含　义
acos	反余弦	asinh	反双曲正弦	csch	双曲余割
acosh	反双曲余弦	atan	反正切	sec	正　割
acot	反余切	atan2	四象限反正切	sech	双曲正割
acoth	反双曲余切	atanh	反双曲正切	sin	正　弦
acsc	反余割	cos	余　弦	sinh	双曲正弦
acsch	反双曲余割	cosh	双曲余弦	tan	正　切
asec	反正割	cot	余　切	tanh	双曲正切

续表

名　称	含　义	名　称	含　义	名　称	含　义
asech	反双曲正割	coth	双曲余切		
asin	反正弦	csc	余　割		

表 4-2-3　指数函数

名　称	含　义	名　称	含　义	名　称	含　义
exp	指　数	log10	常用对数	pow2	2 的幂
log	自然对数	log2	以 2 为底的对数	sqrt	二次方根

注:表 4-2-2、表 4-2-3 的使用形式与其他语言相似。如 X=tan(60)，　Y=20 * log(U/0.775)，Z=1-exp(-1.5 * t)。

表 4-2-4　复数函数

名　称	含　义	名　称	含　义	名　称	含　义
abs	模,或绝对值	conj	复数共轭	real	复数实部
angle	相角(弧度)	imag	复数虚部		

例:已知 h=a+jb,a=3,b=4,求 h 的模。

输入：a=3
　　　b=4
　　　h=a+b * j
　　　abs(h)
将显示：
　　　ans=
　　　　　5
键入：angle(h)
将显示：
　　　ans=
　　　　　0.9273
键入：real(h)
将显示：
　　　ans=
　　　　　3
键入：imag(h)

则显示：

ans＝

4

表 4－2－5 取整函数和求余函数

名　　称	含　　义	名　　称	含　　义
ceil	向＋∞舍入为整数	rem(a,b)	a 整除 b,求余数
fix	向 0 舍入为整数	round	四舍五入为整数
floor	向－∞舍入为整数	sign	符号函数
mod(x,m)	x 整除 m 取正余数		

例：键入 ceil(1.45)
显示：

ans＝

2

键入：fix(1.45)
显示：

ans＝

1

键入：floor(－1.45)
显示：

ans＝

－2

键入：round(1.45)
显示：

ans＝

1

键入：round(1.62)
显示：

ans＝

2

键入：mod(－55,7)
显示：

ans＝

1

键入：rem(－55,7)

显示：

        ans＝

               －6

（4）基本赋值数组，见表 4－2－6。

表 4－2－6　常用基本数组和数组运算

基本数组	zeros	全零数组（m×n 阶）	logspace	对数均分向量（1×n 阶数组）
	ones	全 1 数组（m×n 阶）	freqspace	频率特性的频率区间
	rand	随机数数组（m×n 阶）	meshgrid	画三阶曲面时的 X，Y 网格
	randn	正态随机数数组（m×n 阶）	linspace	均分向量（1×n 阶数组）
	eye(n)	单位数组（方阵）	:	将元素按列取出排成一列
特殊变量和函数	ans	最近的答案	Inf	Infinity（无穷大）
	eps	浮点数相对精度	NaN	Not-a-Number（非数）
	realmax	最大浮点实数	flops	浮点运算次数
	realmin	最小浮点实数	computer	计算机类型
	pi	3.14159235358579	inputname *	输入变量名
	i,j	虚数单位	size	多维数组的各维长度
	length	一维数组的长度		

为便于大量赋值，MATLAB 提供了一些基本数组。举例说明：

A＝ones(2,3)，B＝zeros(2,4)，C＝eye(3)

得　A＝1　1　1　　　　B＝0　0　0　0　　　　C＝1　0　0

          1　1　1　　　　　　 0　0　0　0　　　　　 0　1　0

                                                   0　0　1

线性分割函数 linspace(a,b,n) 在 a 和 b 之间均匀地产生 n 个点值，形成 1×n 元向量。如：

$$D＝linspace(0,1,5)$$

得　　　D＝0　0.2500　0.5000　0.7500　1.0000

（5）数组运算和矩阵运算。MATLAB 中最基本的运算是矩阵运算。但是在 MATLAB 的运用中，大量使用的是数组运算。从外观形状和数据结构上看，二维数组和（数学中的）矩阵没有区别。但是，矩阵作为一种变换或映射算子的体现，其运算有着明确而严格的数学规则。而数组运算是 MATLAB 软件所定义的规则，其目的是为了数据管理方便、操作简单、指令形式自然简便以及执行计算有效。虽然数组运算尚缺乏严谨的数学推理，数组运算本身仍在完善和成熟中，但它的作用和影响正随着 MATLAB 的发展而扩大。

为更清晰地表述数组运算与矩阵运算的区别，以表 4－2－7 叙述各数组运算指令的意义。其中假定 S＝2,n＝3,P＝1.5。

A＝[1 2 3；4 5 6；7 8 9],

B＝[2 3 4；5 6 7；8 9 1]。

表 4－2－7 举例说明数组运算指令的意义

指　令	含　义	运算结果		
s＋A	标量 s 分别与 A 元素之和	3　　　4　　　5 6　　　7　　　8 9　　10　　11		
A－s	A 分别与标量 s 的元素之差	－1　　0　　1 2　　3　　4 5　　6　　7		
s.＊A	标量 s 分别与 A 的元素之积	2　　4　　6 8　　10　　12 14　　16　　18		
s./A 或 A.\s	s 分别被 A 的元素除	2.000 0　　1.000 0　　0.666 7 0.500 0　　0.400 0　　0.333 3 0.285 7　　0.250 0　　0.222 2		
A.^n	A 的每个元素自乘 n 次	1　　8　　27 64　　125　　216 343　　512　　729		
p.^A	以 p 为底,分别以 A 的元素为指数求幂值	1.500 0　　2.250 0　　3.375 0 5.062 5　　7.593 8　　11.390 6 17.085 9　　25.628 9　　38.443 4		
A＋B	对应元素相加	3　　5　　7 9　　11　　13 15　　17　　10		
A－B	对应元素相减	－1　　－1　　－1 －1　　－1　　－1 －1　　－1　　8		
A.＊B	对应元素相乘	2　　6　　12 20　　30　　42 56　　72　　9		
A./B 或 B.\A	A 的元素被 B 的对应元素除	0.500 0　　0.666 7　　0.750 0 0.800 0　　0.833 3　　0.857 1 0.875 0　　0.888 9　　9.000 0		
exp(A)	以自然数 e 为底,分别以 A 的元素为指数,求幂	1.0e＋003 ＊ 0.002 7　　0.007 4　　0.020 1 0.054 6　　0.148 4　　0.403 4 1.096 6　　2.981 0　　8.103 1		

续表

指　令	含　义	运算结果		
log(A)	对 A 的各元素求对数	0	0.693 1	1.098 6
		1.386 3	1.609 4	1.791 8
		1.945 9	2.079 4	2.197 2
sqrt(A)	对 A 的各元素求平方根	1.000 0	1.414 2	1.732 1
		2.000 0	2.236 1	2.449 5
		2.645 8	2.828 4	3.000 0

例：有一函数 X(t)＝tsin3t,在 MATLAB 程序中如何表示？

解：　X＝t. * sin(3 * t)

例：有一函数 X(t)＝sin3t/3t,在 MATLAB 程序中如何表示？

解：　X＝sin(3 * t). /(3 * t)

2. 逻辑判断与流程控制

(1)关系运算。关系运算是指两个元素之间数值的比较,一共有六种可能,见表4-2-8。

关系运算的结果只有两种可能,即 0 或 1。0 表示该关系式为"假",1 表示该关系式为"真"。

例：A＝3＋4＝＝7,得　A＝1。

例：已知 N＝0,B＝[N＝＝0],得　B＝1。

若 N＝2,B＝[N＝＝0],得　B＝0。

表4-2-8　关系运算符

指　令	含　义	指　令	含　义
<	小　于	>=	大于等于
<=	小于等于	==	等　于
>	大　于	~=	不等于

(2)逻辑运算。逻辑量的基本运算为"与(＆)""或(｜)""非(～)"三种,另外还可以用"异或(xor)",见表4-2-9。

表4-2-9　逻辑运算符

运　算	A＝0		A＝1	
	B＝0	B＝1	B＝0	B＝1
A＆B	0	0	0	1
A｜B	0	1	1	1
～A	1	1	0	0
xor(A,B)	0	1	1	0

3. 基本的流程控制语句

(1)if 条件执行语句。

格式： if 表达式 语句，end

　　　if 表达式 1 语句组 A，else 语句组 B，end

if 表达式 1 语句组 A，elseif 表达式 2 语句组 B，else 语句组 C，end

执行到该语句时，计算机先检验 if 后的逻辑表达式，为 1 则执行语句 A；如为 0 则跳过 A 检验下一句程序，直到遇见 end，执行 end 后面的一条语句。

例：if n$\leqslant$2

　　　　x=2；

　　　elseif n>3

　　　　x=3；

　　　end

若 n=5，则结果

　　x=

　　　3

(2)while 循环语句。

格式： while 表达式 语句组 A，end

执行到该语句时，计算机先检验 while 后的逻辑表达式，为 1 则执行语句 A；到 end 处，它就跳回到 while 的入口，再检验表达式，如仍为 1 则再执行语句 A，直到结果为 0，就跳过语句组 A，直接执行 end 后面的一条语句。

例：while k$\leqslant$1000

　　　　k=k+1；

　　　end

键入 k 将显示

　　k=

　　　1001

(3)for 循环语句。

格式： for k=初值：增量：终值 语句组 A，end

将语句组 A 重复执行 N 次，但每次执行时程序中 k 值不同。增量缺省值为 1。

例：y=0；

　　for k=1：20

　　　　y=y+k；

　　　end

键入 y 将显示

　　y=

　　　210

(4)switch 多分支语句。

格式： switch 表达式(标量或字符串)

```
    case 值 1
        语句组 A
    case 值 2
        语句组 B
    ……………
    otherwise
        语句组 N
    end
```

当表达式的值与某 case 语句中的值相同时,它就执行该 case 语句后的语句组,然后直接跳到终点的 end 处。

4．基本绘图方法

(1)二维图形函数。MATLAB 语言支持二维和三维图形,这里主要介绍常用的二维图形函数,见表 4－2－10。

表 4－2－10　常用图形函数库

基本 X－Y 图形	plot	线性 X－Y 座标绘图	polar	极座标绘图
	loglog	双对数 X－Y 座标绘图	plotyy	用左、右两种 Y 座标画图
	semilogx	半对数 X 座标绘图	semilogy.	半对数 Y 座标绘图
	stem	绘制脉冲图	stairs	绘制阶梯图
	bar	绘制条形图		
坐标控制	axis	控制座标轴比例和外观	subplot	按平铺位置建立子图轴系
	hold	保持当前图形		
图形注释	title	标出图名(适用于三维图形)	gtext	用鼠标定位文字
	xlabel	X 轴标注(适用于三维图形)	legend	标注图例
	ylabel	Y 轴标注(适用于三维图形)	grid	图上加座标网格(适用于三维)
	text	在图上标文字(适用于三维)		
常用的三维曲线绘图命令	Plot3	在三维空间画点和线	mesh	三维网格图
	fill3	在三维空间绘制填充多边形	surf	三维曲面图

最常用的命令使用说明:

plot(t,y)表示用线性 X－Y 座标绘图,X 轴的变量为 t,Y 轴的变量为 y。

subplot(2,2,1)建立 2×2 子图轴系,并选定图 1。

axis([0 1 −0.1 1.2])表示建立一个座标,横座标的范围从 0 至 1,纵座标的范围从 −0.1 至 1.2。

title('X(n)曲线')在子图上端标注图名

作图时,线形、点形和颜色的选择可参考表 4 - 2 - 11。

表 4 - 2 - 11　线形、点形和颜色

标志符	b	c	g	k	m	r	w	y
颜　色	蓝	青	绿	黑	品红	红	白	黄
标志符	•	○	×	+	—	*	:	—.	---
线、点	点	圆圈	×号	+号	实线	星号	点线	点划线	虚线

(2)举例。以下举例说明二维图形函数在程序中的使用方法。

例:作一条曲线 $y = e^{-0.1t}. * \sin(t)$, $0 < t < 4\pi$,程序如下。

t=0:0.5:4*pi;　　　　　　　　　%将 t 在 0 到 4π 间每间隔 0.5 取一点

y=exp(-0.1*t).*sin(t);

subplot(2,2,1),plot(t,y);　　　　%建立 2×2 子图轴系,在图 1 处绘线性图

title('plot(t,y)');　　　　　　　　%标注图名

subplot(2,2,2),stem(t,y);　　　　%在 2×2 子图轴系图 2 处绘脉冲图

title('stem(t,y)');

subplot(2,2,3),stairs(t,y);　　　　%在 2×2 子图轴系图 3 处绘阶梯图

title('stairs(t,y)');

subplot(2,2,4),bar(t,y);　　　　　%在 2×2 子图轴系图 2 处绘条形图

title('bar(t,y)');

例:已知 $y_1 = \sin 2\pi t$,$y_2 = \cos 4\pi t$。在同一座标系对两条曲线作图,用不同的颜色和线型区分。

方法一　将同时显示曲线向量列入数组,t 必须等长。显示的线型和颜色不能任意选择(见图 4 - 2 - 2)。

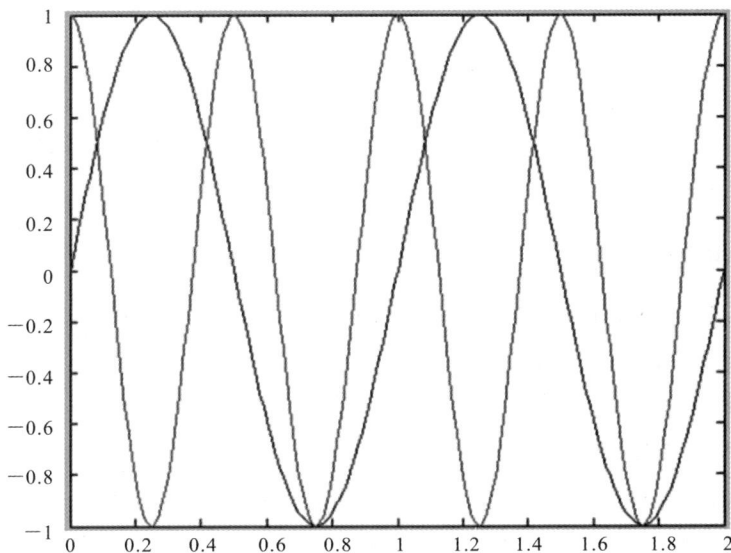

图 4 - 2 - 2　上例的方法一

```
t=0：0.01：2；
y1=sin(2 * pi * t)；
y2=cos(4 * pi * t)；
plot(t,[y1;y2])；
```

方法二　显示曲线的向量 t 不必等长,显示的线型和颜色能任意选择。作图时,先画第一条曲线保持住,再画第二条曲线(见图 4－2－3)。

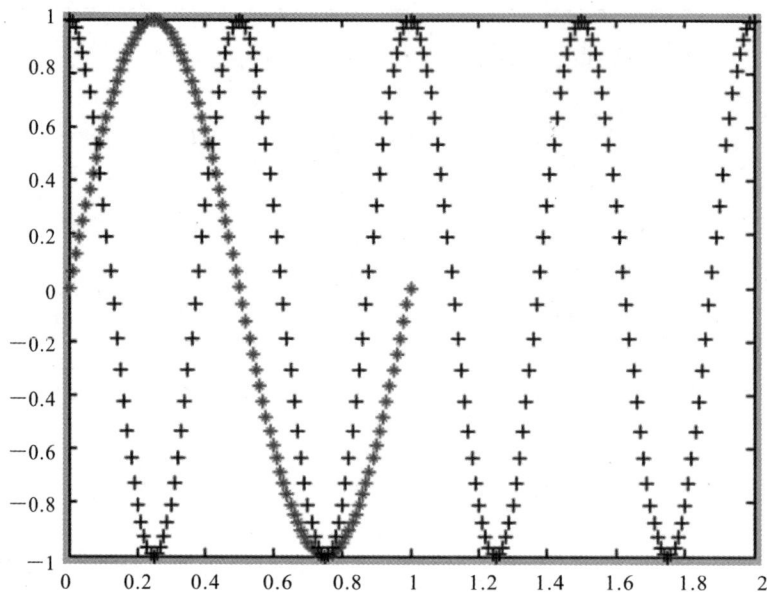

图 4－2－3　上例的方法二

```
t1=0：0.01：1；
y1=sin(2 * pi * t1)；
t2=0：0.01：2
y2=cos(4 * pi * t2)；
plot(t1,y1,′* m′),hold；            ％让第一条曲线保持住,再画第二条曲线
plot(t2,y2,′+b′)；
```

三、MATLAB 在信号处理中常用的函数

MATLAB 系统软件中具有专用的信号处理工具箱,对于我们学习信号与系统、数字信号处理等课程,进行通信、电子工程设计计算是一个非常有效的辅助手段。这里,仅列写出最常用的部分,供大家参考。

1. 常用的信号及信号的波形

(1)常用的信号。在 MATLAB 中的信号处理工具箱中,主要提供的信号是离散信号。

由于 MATLAB 对下标的约定为从 1 开始递增,例如 x=[5,4,3,2,1,0],表示 x(1)=5,x(2)=4,x(3)=3,…。

所以要表示一个下标不从 1 开始的数组 x(n)，一般应采用两个矢量，如

　　　n＝[－3,－2,－1,0,1,2,3,4,5];

　　　x＝[1,－1,3,2,0,4,5,2,1];

这表示了一个含 9 个采样点的矢量：X(n)＝{x(－3),x(－2),x(－1),x(0),x(1), x(2),x(3),x(4),x(5)}。

1)单位取样序列。

$$\delta(n)=\begin{cases}1, & n=0 \\ 0, & n\neq 0\end{cases}$$

该函数实现的方法有二种。

方法一　可利用 MATLAB 的 zeros 函数。

　　　x＝zeros(1,N);　　　　　　　　　%建立一个一行 N 列的全零数组

　　x(1)＝1;　　　　　　　　　　　　%对 X(1)赋 1

方法二　可借助于关系操作符实现

n＝1：N;

x＝[n＝＝1];　　　　%n 等于 1 时逻辑关系式结果为真,x＝1;n 不等于 1 时为假,x＝0

如要产生

$$\delta(n-n_0)=\begin{cases}0, & n_1\leqslant n\leqslant n_0 \\ 1, & n=n_0 \qquad (n_1<n_2) \\ 0, & n_0<n\leqslant n_2\end{cases}$$

则可采用 MATLAB 实现：

　　n＝n1：n2;

　　x＝[(n－n0)＝＝0];%n＝n0 时逻辑关系式结果为真,x＝1;n≠n0 时为假,x＝0

2)单位阶跃序列。

$$u(n)=\begin{cases}1, & n\geqslant 0 \\ 0, & n<0\end{cases}$$

这一函数可利用 MATLAB 的 ones 函数实现：

　　x＝ones(1,N);

还可借助于关系操作符">="来实现。如要产生在 n1≤n0≤n2 上的单位阶跃序列

$$u(n-n_0)=\begin{cases}1, & n\geqslant n_0 \\ 0, & n<n_0\end{cases}$$

则可采用 MATLAB 实现：

　　n＝n1：n2;

　　x＝[(n－n0)＞＝0];　　　　%n－n0≥0 为真,x＝1;n－n0<0 时为假,x＝0

3)实指数序列。

$$x(n)=a^n, \quad a \text{ 为任意实数}$$

采用 MATLAB 实现：

　　n＝0：N－1;

　　x＝a.^n;

4）复指数序列。

$$x(n) = e^{(\sigma + j\omega_0)n}$$

采用 MATLAB 实现：

  n＝0：N−1；

  x＝exp((lu＋j * w0) * n)；

5）正（余）弦序列。

$$x(n) = \cos(\omega_0 n + \theta)$$

采用 MATLAB 实现：

  n＝0：N−1；

  x＝cos(w0 * n＋Q)；

6）随机序列。

MATLAB 中提供了两类（伪）随机信号：

rand(1,N)产生[0,1]上均匀分布的随机矢量；

randn(1,N)产生均值为 0，方差为 1 的高斯随机序列，也就是白噪声序列。其他分布的随机数可通过上述随机数的变换而产生。

7）周期序列。

$$x(n) = x(n + N)$$

例如，设 t1 表示 T 序列中一个周期的序列，要产生 4 个周期的 T 序列，用 MATLAB 实现：

  T＝[t1 t1 t1 t1]；

（2）信号波形。

1）sawtooth。

功能：产生锯齿波或三角波。

格式：x＝sawtooth(t)

    x＝sawtooth(t,width)

说明：sawtooth(t)函数类似于 sin(t)，它产生周期为 2π，幅值从 −1 到 ＋1 的锯齿波，在 2π 的整数倍处，其值为 −1，并以 $1/\pi$ 的斜率线性上升至 ＋1。

sawtooth(t,width)用于产生三角波，其 width(0＜width≤1 的标量)用于确定最大值的位置，即从 0 到 2π * width 函数从 −1 上升到 ＋1，然后在 2π * width 至 2π 之间又线性地从 ＋1 降至 −1，周而复始。例如，当 width＝0.5 时，可产生一对称的标准三角波，当 width＝1 时，就产生锯齿波，即 sawtooth(t,1)＝sawtooth(t)。

2）square。

功能：产生方波。

格式：x＝square(t)

    x＝square(t,duty)

说明：square(t)类似于 sin(t)，产生周期是 2π，幅值为 ±1 的方波，square(t,duty)产生指定周期的方波，其 duty 用于指定正半周期的比例。

3) sinc。

功能：产生 sinc 或 $\dfrac{\sin(\pi t)}{\pi t}$ 函数。

格式：y＝sinc(x)

说明：MATLAB 中的 sinc 子函数可用于计算下列函数

$$\operatorname{sinc}(t)=\begin{cases} 1, & t=0 \\ \dfrac{\sin(\pi t)}{\pi t}, & t\neq 0 \end{cases}$$

这个函数是宽度为 2π，幅度为 1 的矩形脉冲的连续逆傅里叶变换，即

$$\operatorname{sinc}(t)=\frac{1}{2\pi}\int_{-\pi}^{\pi} e^{j\omega t}\,d\omega$$

4) diric。

功能：产生 Dirichlet 或周期 sinc 函数。

格式：y＝diric(x,n)

说明：在 y＝diric(x,n) 中，n 必须为正整数，y 为相应的 x 元素的 Dirichlet 函数，即

$$\operatorname{dirichlet}(x)=\begin{cases} (-1)^{k(n-1)}, & x=2\pi k, k=0,\pm 1,\pm 2,\cdots \\ \dfrac{\sin(nx/2)}{n\sin(x/2)}, & \text{其他} \end{cases}$$

Dirichlet 函数是周期信号，当 n 为奇数时，周期为 2π；当 n 为偶数时，周期为 4π。

2. 多项式运算常用函数

多项式在近代信息和控制理论中具有十分重要的位置。MATLAB 中提供了解决这些问题的工具，见表 4-2-12。

表 4-2-12　多项式运算子函数

roots	多项式求根	polyfit	用多项式曲线拟合数据
poly	按根组成多项式	polyder	多项式求导数
polyval	多项式求值	poly2str	由系数行向量求符号多项式
polyvalm	矩阵作变元的多项式求值	conv	多项式相乘，卷积
residue	部分分式展开（留数）	deconv	多项式相除，反卷积

多项式的直接表达方式：

MATLAB 约定，降幂多项式 $P(x)=a_1 x^n+a_2 x^{n-1}+\cdots+a_n x+a_{n+1}$ 其系数行向量表达式为 $\boldsymbol{P}=[a_1 \quad a_2 \quad \cdots \quad a_n \quad a_{n+1}]$

在程序中可以按上式的格式直接输入。注意：多项式系数应以降幂次序排列。假如缺项，则认为该项系数为零。

若要表示 $(x-\lambda_1)(x-\lambda_2)\cdots(x-\lambda_n)=a_1 x^n+a_2 x^{n-1}+\cdots+a_n x+a_{n+1}$，可建立 $\boldsymbol{\lambda}=[\lambda_1 \quad \lambda_2 \quad \cdots \quad \lambda_n]$，再利用指令 P＝poly($\lambda$)。多项式 P 是一个特征多项式，$\lambda$ 的元素被认为

是多项式 P 的根。

例：已知多项式的根向量 R,求其特征多项式 P 和以降幂形式表示的 S 的多项式。

R＝［2　－2　3］；　　　　　　%建立根向量
P＝poly(R)　　　　　　　　　%求 R 的特征多项式
PR＝poly2str(P,'S')　　　　　%求以降幂形式表示的 S 多项式

程序运行结果：

P＝　1　　－3　　－4　　12

PR＝

　　　S^3 － 3 S^2 － 4 S ＋ 12

注意:1)特征多项式 P 的系数向量一定是(n+1)维的。

2)特征多项式系数向量的第一个元素必是 1。

例：由给定的根向量 R 求 X 多项式。

R＝［－4,－1+4*i,－1－4*i］;　%建立根向量
P＝poly(R)　　　　　　　　　%求 R 的特征多项式
PR＝real(P)　　　　　　　　　%求 P 的实部
PPR＝poly2str(PR,'X')　　　　%求以降幂形式表示的 X 多项式

程序运行结果：

P＝

　　　1　　6　　25　　68

PR＝

　　　1　　6　　25　　68

PPR＝

　　　X^3 ＋ 6 X^2 ＋ 25 X ＋ 68

注意：1)实系数多项式要求根向量中的复数根必须共轭成对。

2)含复数的根向量所生成的多项式系数向量（如 P），其系数可能带有截断误差数量级的虚部。因而采用"real"指令取实部,将很小的虚部滤掉。

3. 快速傅里叶变换函数

(1)fft。

功能：一维快速傅里叶变换（FFT）。

格式：y＝fft(x)

　　　y＝fft(x,n)

说明：fft 函数用于计算矢量或矩阵的离散傅里叶变换,这可通过

$$X(k+1) = \sum_{n=0}^{N-1} x(n+1) W_N^{kn}$$

实现,其中 $N = \text{length}(x)$,$W_N = e^{-j(2\pi/N)}$。

y＝fft(x)为利用 FFT 算法计算矢量 x 的离散傅里叶变换,当 x 为矩阵时,y 为矩阵 x 每一列的 FFT。当 x 的长度为 2 的幂次方时,则 fft 函数采用基 2 的 FFT 算法,否则采用稍

慢的混合基算法。

y＝fft(x,n)采用 n 点 FFT。当 x 的长度小于 n 时,fft 函数在 x 的尾部补零,以构成 n 点数据;当 x 的长度大于 n 时,fft 函数会截断序列 x。当 x 为矩阵时,fft 函数按类似的方式处理列长度。

(2)ifft。

功能:一维快速傅里叶逆变换(IFFT)。

格式:y＝ifft(x)

y＝ifft(x,n)

说明:ifft 函数用于计算矢量或矩阵的傅里叶逆变换,即

$$x(n+1) = \frac{1}{N}\sum_{k=0}^{N-1} X(k+1)W_N^{-kn}$$

其中 $N = length(x)$,$W_N = e^{-j(2\pi/N)}$。

y＝ifft(x)用于计算矢量 x 的 IFFT。当 x 为矩阵时,计算所得的 y 为矩阵 x 中每一列的 IFFT。

y＝ifft(x,n)采用 n 点 IFFT。当 length(x)＜n 时,在 x 中补零;当 length(x)＞n 时,将 x 截断,使 length(x)＝n。

ifft 函数是 fft 函数的逆,其相应的 M 文件中采用的算法类似。

(3)cftbyfft。

功能:cftbyfft 子函数采用 FFT 计算连续时间傅里叶变换。

格式:[AW,f]＝cftbyfft(wt,t,flag)

输出幅频谱数据对为[AW,f],输入量(W,t)为已经窗口化了的时间函数 W(t),它们分别是长度为 N 的向量。flag 取非 0 时(缺省使用),频率范围在[0,Fs];flag 取 0 时,频率范围在[-Fs/2,Fs/2]。

4. 系统分析与实现函数

(1)abs。

功能:求绝对值(幅值)。

格式:y＝abs(x)

说明:y＝abs(x)用于计算 x 的绝对值。当 x 为复数时,得到的是复数模(幅值),即

$$abs(x) = \sqrt{[Re(x)]^2 + [Im(x)]^2}$$

当 x 为字符串时,abs(x)得到字符串的各个字符的 ASCⅡ 码,例如 x＝'123',则 abs(x)得到 49 50 51。

(2)angle。

功能:求相角。

格式:p＝angle(h)

说明:p＝angle(h)用于求取复矢量或复矩阵 H 的相角(以 rad 为单位),相角介于 -π 和 +π 之间。例如,某复数 h 可用两种方法表示:

$$h = x + jy = me^{j\varphi}$$

— 111 —

则幅值 m 和相角 φ 可由 $x+jy$ 格式求出

$$m=abs(h)$$

$$\varphi=angle(h)$$

当然,由 m 和 φ 也可求取 $x+jy$ 格式

$$h=m.*exp(j*\varphi)$$

$$x=real(h)$$

$$y=imag(h)$$

(3)conv。

功能:求卷积。

格式:c=conv(a,b)

说明:conv(a,b)用于求取矢量 a 和 b 的卷积,即

$$c(n+1)=\sum_{k=0}^{N-1}\boldsymbol{a}(k+1)\boldsymbol{b}(n-k)$$

其中 N 为矢量 $\boldsymbol{a}$ 和 $\boldsymbol{b}$ 的最大长度。例如,当 $\boldsymbol{a}=\begin{bmatrix} 1 & 2 & 3 \end{bmatrix}$,$\boldsymbol{b}=\begin{bmatrix} 4 & 5 & 6 \end{bmatrix}$ 时,则

$$c=conv(a,b)$$

$$c=$$

$$4\ 13\ 28\ 27\ 18$$

此函数可直接用于求两个有限长序列的卷积。设 $x(n)$ 和 $h(n)$ 的长度分别为 M 和 N,则

$$y=conv(x,h)$$

y 的长度分别为 $N+M-1$。

(4)filter。

功能:利用 IIR 滤波器和 FIR 滤波器对数据进行滤波。

格式:y=filter(b,a,x)

$\qquad\quad$ [y,zf]=filter(b,a,x)

$\qquad\quad$ y=filter(b,a,x,zi)

说明:filter 采用数字滤波器对数据进行滤波,其实现采用移位直接Ⅱ型结构,因而适用于 IIR 和 FIR 滤波器。滤波器的系统函数为

$$H(z)=\frac{b_0+b_1z^{-1}+b_2z^{-2}+b_3z^{-3}+\cdots+b_mz^{-m}}{1+a_1z^{-1}+a_2z^{-2}+a_3z^{-3}+\cdots+a_nz^{-n}}$$

即滤波器系数 $\boldsymbol{a}=\begin{bmatrix} a_0 & a_1 & a_2 & \cdots & a_n \end{bmatrix}$,$\boldsymbol{b}=\begin{bmatrix} b_0 & b_1 & \cdots & b_m \end{bmatrix}$,输入序列矢量为 x。这里,标准形式为 $a_0=1$,如果输入矢量 $\boldsymbol{a}$ 时,$a_0\neq1$,则 MATLAB 将自动进行归一化系数的操作;如果 $a_0=0$,则给出出错信息。

y=filter(b,a,x)利用给定系数矢量 a 和 b 对 x 中的数据进行滤波,结果放入 y 矢量中,y 的长度取 max(N,M)。

y=filter(b,a,x,zi)可在 zi 中指定 x 的初始状态。

[y,zf]=filter(b,a,x)除得到矢量 y 外,还得到 x 的最终状态矢量 zf。

（5）freqs。

功能：连续时间系统的频率响应。

格式：h＝freqs(b,a,w)

　　　［h,w］＝freqs(b,a)

　　　［h,w］＝freqs(b,a,n)

　　　freqs(b,a)

说明：freqs 用于计算由矢量 *a* 和 *b* 构成的连续时间系统

$$H(s) = \frac{B(s)}{A(s)} = \frac{b_m s^m + b_{m-1} s^{m-1} + \cdots + b_1 s + b_0}{s^n + a_{n-1} s^{n-1} + \cdots + a_1 s + a_0}$$

的复频响应 $H(j\omega)$。其系统函数的系数 a＝$[a_0 \quad a_1 \quad a_2 \quad \cdots \quad a_n]$,b＝$[b_0 \quad b_1 \quad \cdots \quad b_m]$。

$h = freqs(b,a,w)$ 用于计算连续时间系统的复频响应,其中实矢量 *w* 用于指定频率值。

$[h,w] = freqs(b,a)$ 自动设定 200 个频率点来计算频率响应,其 200 个频率值记录在 *w* 中。

$[h,w] = freqs(b,a,n)$ 设定 *n* 个频率点计算频率响应。

不带输出变量的 freqs 函数,将在当前图形窗口中描绘幅频和相频曲线。

（6）freqz。

功能：离散时间系统的频率响应。

格式：［h,w］＝freqz(b,a,n)

　　　［h,f］＝freqz(b,a,n,Fs)

　　　h＝freqz(b,a,w)

　　　h＝freqz(b,a,f,Fs)

　　　freqz(b,a,n)

说明：freqz 用于计算数字滤波器 $H(z)$ 的频率响应函数 $H(e^{j\omega})$。

［h,w］＝freqz(b,a,n)可得到数字滤波器的 n 点复频响应值,这 n 个点均匀地分布在 $[0,\pi]$ 上,并将这 n 个频点的频率记录在 w 中,相应的频响值记录在 h 中。要求 n 为大于零的整数,最好为 2 的整数次幂,以便采用 FFT 计算,提高速度。缺省时 n＝512。

［h,f］＝freqz(b,a,n,Fs)用于对 $H(e^{j\omega})$ 在 $[0,Fs/2]$ 上等间隔采样 n 点,采样点频率及相应频响值分别记录在 f 和 h 中。由用户指定 F_s(以 H_z 为单位)值。

h＝freqz(b,a,w)用于对 $H(e^{j\omega})$ 在 $[0,2\pi]$ 上进行采样,采样频率点由矢量 w 指定。

h＝freqz(b,a,f,Fs) 用于对 $H(e^{j\omega})$ 在 $[0,F_s]$ 上采样,采样频率点由矢量 f 指定。

freqz(b,a,n) 用于在当前图形窗口中绘制幅频和相频特性曲线。

（7）freqz_m。

功能：离散时间系统的幅值响应、相位响应及群迟延响应。

格式：［db,mag,pha,grd,w］＝freqz_m(b,a)

说明：freqz_m 函数是 freqz 函数的修正函数,可获得幅值响应(绝对和相对)、相位响应及群迟延响应。式中

db 中记录了一组对应$[0,\pi]$频率区域的相对幅值响应值；

mag 中则记录了一组对应$[0,\pi]$频率区域的绝对幅值响应值；

pha 中记录了一组对应$[0,\pi]$频率区域的相位响应值；

grd 中记录了一组对应$[0,\pi]$频率区域的群迟延响应值；

w 中记录了对应$[0,\pi]$频率区域的 501 个频点的频率值。

(8)impulse。

功能：求解连续系统的冲激响应。

格式：impulse(b,a)

　　　impulse(b,a,t)

　　　y＝impulse(b,a,t)

说明：impulse 用于计算由矢量 a 和 b 构成的连续时间系统

$$H(s)=\frac{B(s)}{A(s)}=\frac{b_m s^m+b_{m-1}s^{m-1}+\cdots+b_1 s+b_0}{s^n+a_{n-1}s^{n-1}+\cdots+a_1 s+a_0}$$

的冲激响应。其系统函数的系数 $\boldsymbol{a}=[a_0\ a_1\ a_2\ \cdots\ a_n]$，$\boldsymbol{b}=[b_0\ b_1\ \cdots\ b_m]$。

impulse(b,a)计算并显示出连续系统的冲激响应 h(t)的波形，其中 t 将自动选取。

impulse(b,a,t)可由用户指定 t 值。若 t 为一实数，将显示连续系统在 0～t 间的冲激响应波形；若 t 为数组例如$[t1：dt：t2]$，则显示连续系统在指定时间 t1～t2 内的冲激响应波形，时间间隔为 dt。

y＝impulse(b,a,t)将结果存入输出变量 y，不直接显示系统冲激响应波形。

(9)impz。

功能：求解离散系统的冲激响应。

格式：[h,t]＝impz(b,a)

　　　[h,t]＝impz(b,a, n)

　　　[h,t]＝impz(b,a,n,Fs)

　　　impz(b,a)

说明：由矢量 a 和 b 构成离散时间系统，即

$$H(Z)=\frac{B(Z)}{A(Z)}$$

[h,t]＝impz(b,a)计算出离散系统的冲激响应 h，取样点数 n 由 impz 函数自动选取，并记录在矢量 t 中(t＝$[0：n-1]'$)。

[h,t]＝impz(b,a, n)可由用户指定取样点或取样时刻。当 n 为标量时，t＝$[0：n-1]'$，即在 0～ n-1 时刻计算冲激响应，0 时刻表示离散系统的起始点；当 n 为矢量（其值应为整数），则表示 t＝n，即在这些指定的时刻计算冲激响应。

[h,t]＝impz(b,a,n,Fs)表示取样间隔为 1/Fs，在缺省 Fs 时，则取为 1。

不带输出变量的 impz 将在当前图形窗口中利用 stem(t,h)函数绘出冲激响应。

(10)lsim。

功能：对连续系统的响应进行仿真。

格式：lsim(b,a,x,t)

　　　y＝lsim(b,a,x,t)

说明：$\boldsymbol{a}=\begin{bmatrix} a_0 & a_1 & a_2 & \cdots & a_n \end{bmatrix}$，$\boldsymbol{b}=\begin{bmatrix} b_0 & b_1 & \cdots & b_m \end{bmatrix}$是连续时间系统的传递函数的系数。x 和 t 是系统输入信号的行向量。例如

t＝0：0.01：10；

x＝sin(t)；

　　定义输入信号为正弦信号 sin(t)，且这个信号在 0～10 s 的时间内每间隔 0.01 s 选取一个取样点。

　　lsim(b,a,x,t)当将输入信号加在由 a、b 所定义的连续时间系统输入端时，将显示系统的零状态响应的时域仿真波形。

　　y＝lsim(b,a,x,t)当将输入信号加在由 a、b 所定义的连续时间系统输入端时，不直接显示仿真波形，而是将求出的数值解存入输出变量 y。

　　(11)step。

功能：求解连续系统的阶跃响应。

格式：step(b,a)

　　　step(b,a,t)

　　　y＝step(b,a,t)

说明：step 用于计算由矢量 a 和 b 构成的连续时间系统

$$H(s)=\frac{B(s)}{A(s)}=\frac{b_m s^m + b_{m-1} s^{m-1} + \cdots + b_1 s + b_0}{s^n + a_{n-1} s^{n-1} + \cdots + a_1 s + a_0}$$

的阶跃响应。其系统函数的系数 $\boldsymbol{a}=\begin{bmatrix} a_0 & a_1 & a_2 & \cdots & a_n \end{bmatrix}$，$\boldsymbol{b}=\begin{bmatrix} b_0 & b_1 & \cdots & b_m \end{bmatrix}$。

　　step(b,a)计算并显示出连续系统的阶跃响应 g(t)的波形，其中 t 将自动选取。

　　step(b,a,t)可由用户指定 t 值。若 t 为一实数，将显示连续系统在 0～t 间的阶跃响应波形；若 t 为数组例如[t1：dt：t2]，则显示连续系统在指定时间 t1～t2 内的阶跃响应波形，时间间隔为 dt。

　　y＝step(b,a,t)将结果存入输出变量 y，不直接显示系统阶跃响应波形。

5.IIR 滤波器设计函数

(1)butter。

功能：Butterworth(巴特沃斯)模拟和数字滤波器设计。

格式：[b,a]＝butter(n,Wn)

　　　[b,a]＝butter(n,Wn,'ftype')

　　　[b,a]＝butter(n,Wn,'s')

　　　[b,a]＝butter(n,Wn, 'ftype','s')

　　　[z,p,k]＝butter(…)

　　　[A,B,C,D]＝butter(…)

说明：butter 函数可设计低通、带通、高通和带阻的数字和模拟滤波器，其特性为使通带内的幅度响应最大限度地平坦，这会损失截止频率处的下降斜率。因此，在期望通带平滑

的情况下,可使用 butter 函数,但在期望下降斜率大的场合,应使用椭圆和 Chebyshev 滤波器。

1)数字域。

[b,a]＝butter(n,Wn)可设计出截止频率为 Wn 的 n 阶低通 Butterworth 滤波器,其滤波器为

$$H(z)=\frac{B(z)}{A(z)}=\frac{b(1)+b(2)z^{-1}+\cdots+b(n+1)z^{-n}}{1+a(2)z^{-1}+\cdots+a(n+1)z^{-n}}$$

截止频率是滤波器幅度响应下降至 $1/\sqrt{2}$ 处的频率,Wn∈[0,1],其中 1 相应于 0.5Fs(取样频率,即奈圭斯特频率)。

当 Wn＝[W1 W2](W1＜W2)时,butter 函数产生一 2 n 阶的数字带通滤波器,其通带为 W1＜ω＜W2。

[b,a]＝butter(n,Wn,′ftype′)可设计出高通或带阻滤波器。

• 当 ftype＝high 时,可设计出截止频率为 Wn 的高通滤波器;

• 当 ftype＝stop 时,可设计出带阻滤波器,这时 Wn＝[W1 W2],且阻带为 W1＜ω＜W2。

利用输出变量个数的不同,可得到滤波器的另外两种表示:零极点增益和状态方程。

• [z,p,k]＝butter(n,Wn)或[z,p,k]＝butter(n,Wn,′ftype′)可得到滤波器的零极点增益表示;

• [A,B,C,D]＝butter(n,Wn)或[A,B,C,D]＝butter(n,Wn,′ftype′)可得到滤波器的状态空间表示。

2)模拟域。

[b,a]＝butter(n,Wn,′s′)可设计出截止频率为 Wn 的 n 阶低通模拟 Butterworth 滤波器,

$$H(s)=\frac{B(s)}{A(s)}=\frac{b(1)s^n+b(2)s^{n-1}+\cdots+b(n+1)}{s^n+a(2)s^{n-1}+\cdots+a(n+1)}$$

其中截止频率 Wn＞0。

模拟域的 butter 函数说明与数字域完全相同,也有六种形式,此处不再赘述。

(2)cheby1。

功能:Chebyshev(切比雪夫)Ⅰ型滤波器设计(通带等波纹)。

格式:[b,a]＝cheby1(n,Rp,Wn)

[b,a]＝cheby1(n,Rp,Wn, ′ftype′)

[b,a]＝cheby1(n,Rp,Wn, ′s′)

[b,a]＝cheby1(n,Rp,Wn, ′ftype′,′s′)

[z,p,k]＝cheby1(…)

[A,B,C,D]＝cheby1(…)

说明:cheby1 函数可设计低通、带通、高通和带阻的数字和模拟 ChebyshevⅠ型滤波器,其通带内为等波纹,阻带内为单调。ChebyshevⅠ型滤波器的下降斜率比Ⅱ型大,但其

代价是在通带内波纹较大。

与 butter 函数类似,cheby1 函数可设计数字域和模拟域的 Chebyshev Ⅰ型滤波器。其通带内的波纹由 Rp(分贝)确定。其他各公式的使用方法与 butter 函数相同。

(3)cheby2。

功能:Chebyshev(切比雪夫)Ⅱ型滤波器设计(阻带等波纹)。

格式:$[b,a]=cheby2(n,As,Wn)$

$[b,a]=cheby2(n,As,Wn,'ftype')$

$[b,a]=cheby2(n,As,Wn,'s')$

$[b,a]=cheby2(n,As,Wn,'ftype','s')$

$[z,p,k]=cheby2(\cdots)$

$[A,B,C,D]=cheby2(\cdots)$

说明:cheby2 函数可设计低通、带通、高通和带阻的数字和模拟 Chebyshev Ⅱ型滤波器,与 cheby1 函数几乎一样,只不过 cheby2 函数其通带内为单调,阻带内为等波纹。因此,由 As 确定阻带内的波纹。

其他各公式的使用方法与 butter 函数相同,可参考相应公式。

6.窗函数

(1)boxcar。

功能:矩形窗。

格式:$w=boxcar(n)$

说明:boxcar(n)函数可产生一长度为 n 的矩形窗函数。

(2)triang。

功能:三角窗。

格式:$w=triang(n)$

说明:triang(n)函数可得到 n 点的三角窗函数。三角窗系数为

当 n 为奇数时,

$$w(k)=\begin{cases} \dfrac{2k}{n+1}, & 1\leqslant k\leqslant\dfrac{n+1}{2} \\ \dfrac{2(n-k+1)}{n+1}, & \dfrac{n+1}{2}\leqslant k\leqslant n \end{cases}$$

当 n 为偶数时,

$$w(k)=\begin{cases} \dfrac{2k-1}{n}, & 1\leqslant k\leqslant\dfrac{n}{2} \\ \dfrac{2(n-k+1)}{n}, & \dfrac{n}{2}\leqslant k\leqslant n \end{cases}$$

三角窗函数非常类似于 Bartlett 窗。Bartlett 窗在取样点 1 和 n 上总是以零结束,而三角窗在这些点上并不为零。实际上,当 n 为奇数时,triang(n−2)的中心 n−2 个点等效于 Bartlett(n)。

（3）Bartlett。

功能：Bartlett(巴特利特)窗。

格式：w＝Bartlett(n)

说明：Bartlett(n)可得到 n 点的 Bartlett 窗函数。Bartlett 窗函数系数为

$$w(k)=\begin{cases} \dfrac{2(k-1)}{n-1}, & 1\leqslant k\leqslant \dfrac{n+1}{2} \\[3mm] 2-\dfrac{2(k-1)}{n-1}, & \dfrac{n+1}{2}\leqslant k\leqslant n \end{cases}$$

Bartlett 函数与三角窗窗非常类似,当 n 为奇数时,Bartlett(n)的中心 n－2 个点等效于 triang(n－2)。

（4）hamming。

功能：Hamming(哈明)窗。

格式：w＝hamming(n)

说明：hamming(n)可产生 n 点的 Hamming 窗,其系数为

$$w(k+1)=0.54-0.46\cos\left(2\pi\,\frac{k}{n-1}\right), \quad k=0,1,\cdots,n-1$$

（5）hanning。

功能：hanning(汉宁)窗。

格式：w＝hanning(n)

说明：hanning(n)可产生 n 点的 Hanning 窗,其系数为

$$w(k)=0.5\left[1-\cos(2\pi\,\frac{k}{n+1})\right], \quad k=1,2,\cdots,n$$

（6）blackman。

功能：Blackman(布莱克曼)窗。

格式：w＝blackman(n)

说明：blackman(n)可产生 n 点的 Blackman 窗,其系数为

$$w(k)=0.42-0.5\cos\left(2\pi\,\frac{k-1}{n-1}\right)+0.8\cos\left(4\pi\,\frac{k-1}{n-1}\right), \quad k=1,2,\cdots,n$$

与等长度的 Hamming 和 Hanning 窗相比,Blackman 窗的主瓣稍宽,旁瓣稍低。

（7）chebwin。

功能：Chebyshev(切比雪夫)窗。

格式：w＝chebwin(n,r)

说明：w＝chebwin(n,r)可产生 n 点的 Chebyshev 窗函数,其傅里叶变换后的旁瓣波纹低于主瓣 rdB。注意：当 n 为偶数时,窗函数的长度为 n＋1。

（8）kaiser。

功能：Kaiser(凯塞)窗。

格式：w＝kaiser(n,beta)

说明：w＝kaiser(n,beta)可产生 n 点的 Kaiser 窗函数,其中 beta 为影响窗函数旁瓣的 β 参数,其最小的旁瓣抑制 α 与 β 之间的关系为

$$\beta = \begin{cases} 0.110\ 2(\alpha - 0.87), & \alpha > 50 \\ 0.584\ 2(\alpha - 21)^{0.4} + 0.0788\ 6(\alpha - 21), & 21 \leqslant \alpha \leqslant 50 \\ 0, & \alpha < 21 \end{cases}$$

增加 β 可使主瓣变宽,旁瓣的幅度降低。

7. FIR 数字滤波器设计函数

(1)fir1。

功能:基于窗函数的 FIR 数字滤波器设计——标准频率响应。

格式:b=fir1(n,Wn)

　　　b=fir1(n,Wn,'ftype')

　　　b=fir1(n,Wn,Window)

　　　b=fir1(n,Wn,'ftype',Window)

说明:fir1 函数以经典方法实现加窗线性相位 FIR 滤波器设计,它可设计出标准的低通、带通、高通和带阻滤波器。

b=fir1(n,Wn)可得到 n 阶低通 FIR 滤波器,滤波器系数包含在 b 中,这可表示成:

$$b(z) = b(1) + b(2)z^{-1} + \cdots + b(n+1)z^{-n}$$

这是一个截止频率为 Wn 的 Hamming(汉明)加窗线性相位滤波器,$0 \leqslant Wn \leqslant 1$,$Wn = 1$ 相应于 0.5fs。

当 $Wn = [W1\ W2]$ 时,fir1 函数可得到带通滤波器,其通带为 $W1 < \omega < W2$。

b=fir1(n,Wn,'ftype')可设计高通和带阻滤波器,由 ftype 决定:

• 当 ftype=high 时,设计高通 FIR 滤波器;

• 当 ftype=stop 时,设计带阻 FIR 滤波器。

在设计高通和带阻滤波器时,fir1 函数总是使用阶为偶数的结构,因此当输入的阶次为奇数时,fir1 函数会自动加 1。这是因为对奇数阶的滤波器,其在奈奎斯特频率处的频率响应为零,所以不适合构成高通和带阻滤波器。

b=fir1(n,Wn,Window)则利用列矢量 Window 中指定的窗函数进行滤波器设计,Window 长度为 n+1。如果不指定 Window 参数,则 fir1 函数采用 Hamming 窗。

b=fir1(n,Wn,'ftype',Window)可利用 ftype 和 Window 参数,设计各种加窗的滤波器。

由 fir1 函数设计的 FIR 滤波器的群延迟为 n/2。

(2)fir2。

功能:基于窗函数的 FIR 滤波器设计——任意频率响应。

格式:b=fir2(n,f,m)

　　　b=fir2(n,f,m,Windows)

　　　b=fir2(n,f,m,npt)

　　　b=fir2(n,f,m,npt,Windows)

说明:fir2 函数用于设计任意频率响应的加窗数字 FIR 滤波器,对标准的低通、带通、高通和带阻滤波器的设计可采用 fir1 函数。

b＝fir2(n,f,m)可设计出一 n 阶的 FIR 滤波器,其滤波器的频率特性由矢量 f 和 m 决定。

• f 为频率点矢量,且 f∈[0,1],当 f＝1 时就相应于 0.5fs。矢量 f 中按升序排列,且第一个必须为 0,最后一个必须为 1,并允许出现相同的频率值;

• 矢量 m 中包含与 f 相对应的期望滤波器响应幅度;

• 矢量 f 和 m 的长度必须相同。

b＝fir2(n,f,m,Windows)可将列矢量 Windows 中指定的窗函数用于滤波器设计,如省略 Windows,则自动选取 Hamming 窗。

b＝fir2(n,f,m,npt)格式中,可利用参数 npt 指定 fir2 对频率响应进行内插的点数,对应的 b＝fir2(n,f,m,npt,Windows)格式中,可指定窗函数。

软件三　辅助分析与设计软件

"数字信号处理实验辅助设计与分析系统"文件夹是使用 MATLAB 语言编写的软件系统。先准备一台装有 MATLAB 的计算机。使用前,将文件夹 DSPC54 解压到 MATLAB 的安装目录,打开 MATLAB 工作环境,设置"数字信号处理实验辅助设计与分析系统"文件夹 DSPC54 的路径。使用时,在 MATLAB 命令(Command)窗口中键入命令:DSPM(回车)。

如图 4－3－1 所示,MATLAB 将出现"数字信号处理实验辅助分析与设计系统"主界面,按任意键将进入下一级菜单界面。

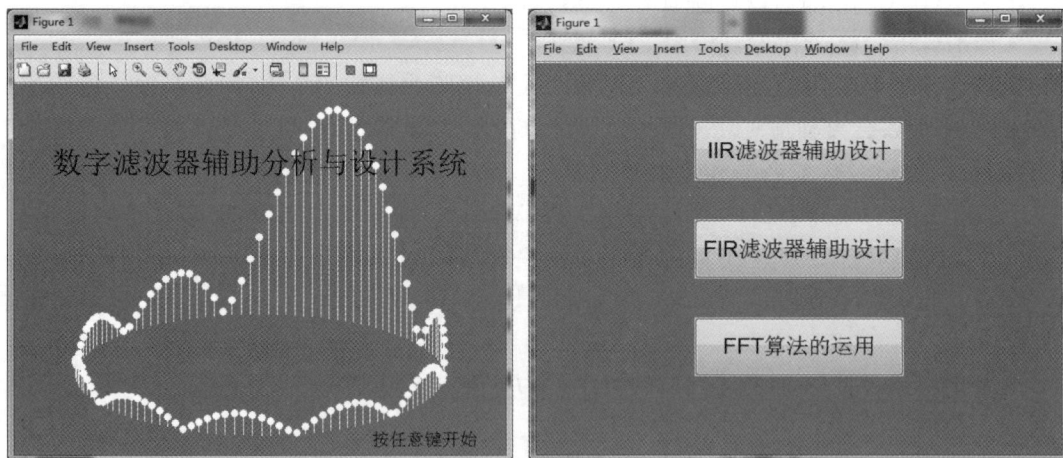

图 4－3－1　辅助分析与设计系统主界面

"数字信号处理实验辅助设计与分析系统"共分为 IIR 滤波器辅助设计、FIR 滤波器辅助设计和 FFT 算法的运用三个选项。

一、IIR 滤波器辅助设计

点击"IIR 滤波器辅助设计"选项,进入 IIR 数字滤波器辅助设计窗口,如图 4－3－2

所示。

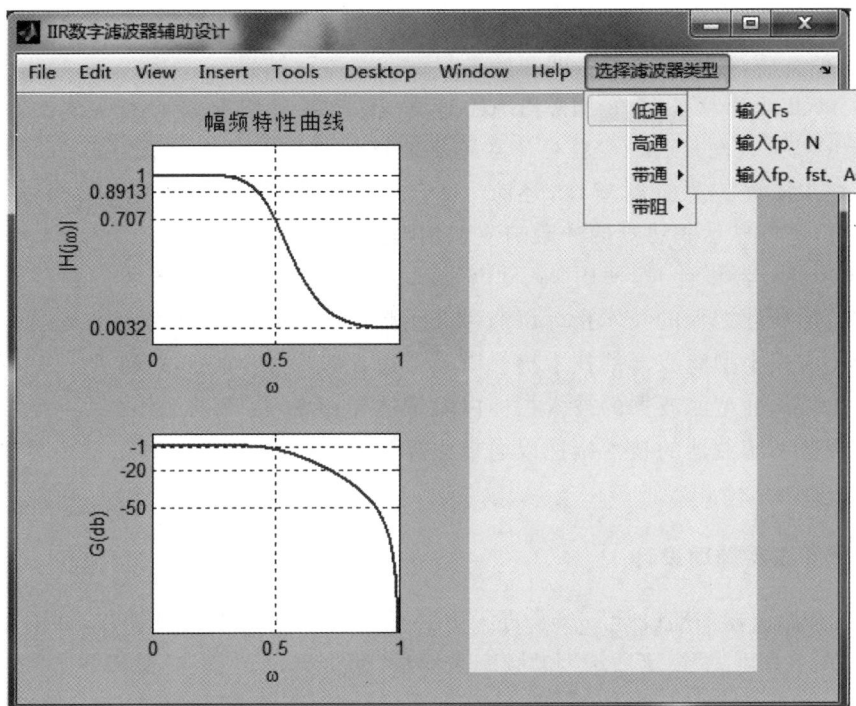

图 4 - 3 - 2　IIR 数字滤波器辅助设计窗口

在窗口左上方点击"选择滤波器类型"下拉菜单，可见低通、高通、带通、带阻四个选项。每一选项又分为"输入 Fs""输入 fp、N"和"输入 fp，fst、As、Rp"三种选择。其中每一种选项又可以选用 Butterworth、Chebyshev Ⅰ、Chebyshev Ⅱ 和椭圆四种滤波器。

为配合硬件实验装置的工作，本数字滤波器辅助设计选用的采样频率 Fs 均为 2 的 N次方，最高采样频率 Fs＝128 kHz。

1. "输入 Fs"

根据设计要求选定采样频率 Fs 后，再选定数字滤波器的种类，按"APPLY"，即开始进行设计。图形窗口的左边显示图形结果，数据结果将在 MATLAB 命令窗口给出。

该选项采用了 IIR 数字滤波器最典型的设计参数：（以低通滤波器为例）

原型滤波器阶数 $N＝3$；

归一化的数字滤波器通带边界频率 $\omega_p＝0.5$；

通带最大衰减 $R_p＜1$dB；

阻带最小衰减 $A_s＞20$dB。

2. "输入 fp、N"

可根据设计要求选择 F_s、fp 和 N，选定数字滤波器的种类后，按"APPLY"，即开始进行设计。图形窗口的左边显示图形结果，数据结果将在 MATLAB 命令窗口给出。

此选项通带最大衰减和阻带最小衰减为固定值：$R_p＜1$ dB，$A_s＞20$ dB。

3. "输入 fp、fst、Ás、Rp"

该选项是一个选择范围最大的选项,可根据设计要求选择 Fs、fp、fst、As、Rp。选定数字滤波器的种类后,按"APPLY",即开始进行设计并显示结果。

注意:以上设计结果将在 MATLAB 的 work 子目录下自动存为文本文件(如:Lp.txt)和供数字信号处理(DSP)实验硬件系统使用的数据文件 firiir. dat。

另外,在 IIR 数字滤波器窗口,还有一个选项"是否显示其他曲线",当选"Y"时,按"APPLY"后,还将显示滤波器的冲激响应和相频特性曲线。

进行 IIR 滤波器设计时,使用"输入 Fs"或"输入 fp、N"项,注意以下问题:

(1)巴特活斯滤波器的技术指标以通带截止频率 f_c 为准,此时 $R_p=3$ dB,而不是 1 dB。

(2)切比雪夫Ⅰ型滤波器的技术指标以通带边界频率 f_p 为准,此时 $R_p=1$ dB。

(3)切比雪夫Ⅱ型滤波器的技术指标以阻带边界频率 f_{st} 为准,此时 $A_s=20$ dB。

(4)椭圆数字滤波器的技术指标以通带边界频率 f_p 为主,又兼顾阻带边界频率 f_{st},此时 $R_p=1$ dB,$A_s=20$ dB。

二、FIR 滤波器辅助设计

点击"FIR 滤波器辅助设计"选项,进入 FIR 数字滤波器辅助设计窗口,如图 4-3-3 所示。在窗口左上方可见"窗函数法"和"频率采样法"两个选项。点击"窗函数法"或"频率采样法"下拉菜单,可见低通、高通、带通、带阻四个选项。其中,窗函数法为使用者提供 boxcar、triang、Bartlett、Hamming、Hanning、blackman 等六种窗。

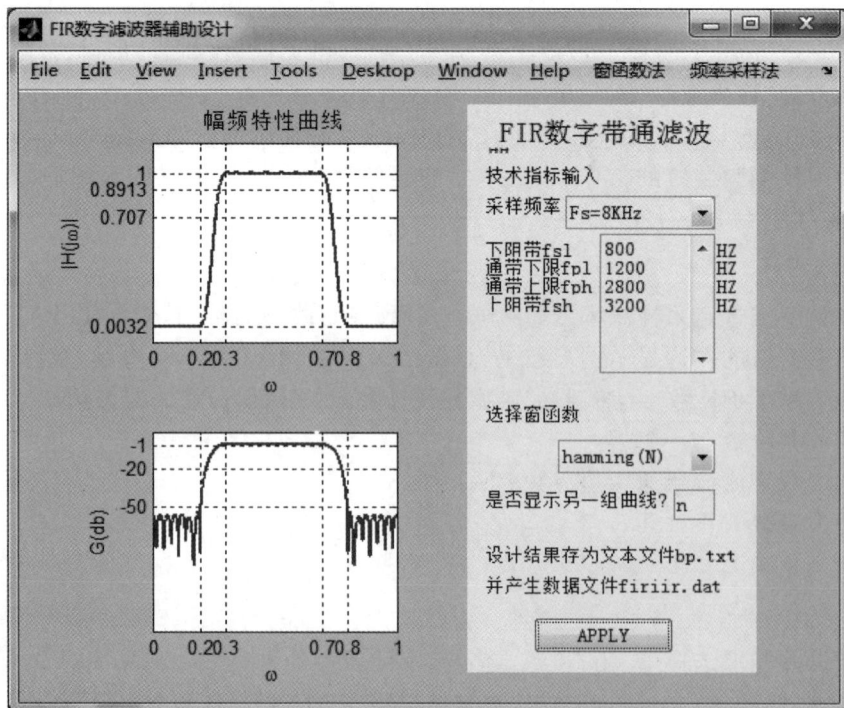

图 4-3-3 FIR 数字滤波器辅助设计窗口

1. 窗函数法

该方法有"输入 fp、fst""输入 fp、N"两种选择。可根据给定的技术指标选择输入，然后选择不同的窗函数。按"APPLY"，即开始进行设计。图形窗口的左边显示图形结果，数据结果将在 MATLAB 命令窗口给出。

使用者可根据设计结果分析，确定最后选定的窗函数。

2. 频率采样法

根据给定的技术指标选择输入后，按"APPLY"，即开始进行设计并显示结果。

注意：以上设计结果将在 MATLAB 的 work 子目录下自动存为文本文件（如：Lp. txt）和供数字信号处理（DSP）实验硬件系统使用的数据文件 firiir. dat。

另外，在 FIR 数字滤波器窗口，还有一个选项"是否显示另一组曲线"，当选"Y"时，按"APPLY"后，还将显示滤波器的冲激响应、频响采样值、窗函数以及幅频特性等曲线。

三、信号频谱分析

选择"信号频谱分析"，进入信号辅助分析子系统，如图 4 - 3 - 4 所示。

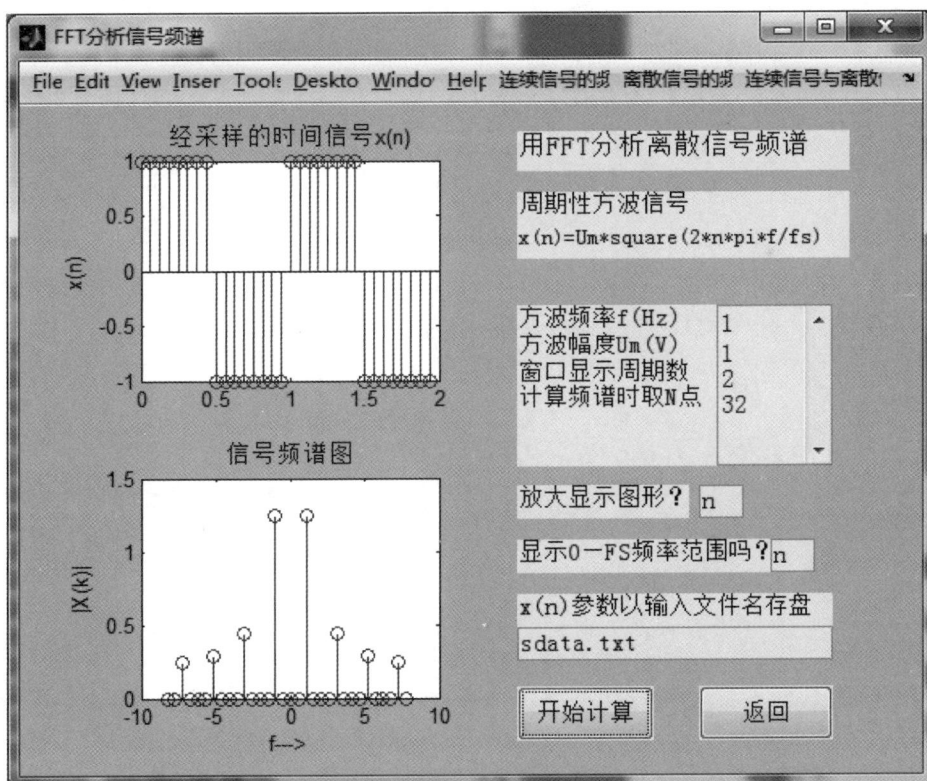

图 4 - 3 - 4　信号频谱分析窗口

信号频谱分析子系统分为三个部分即"连续信号的频谱、离散信号的频谱、连续信号与离散信号。

1. 连续信号的频谱与离散信号的频谱

连续信号的频谱与离散信号的频谱分为正弦信号、矩形信号和三角波信号。其中每一种信号又分为几种不同的情况。使用时可根据提示进行各种指标的输入或更改,所有数据输入完毕按"开始计算"将显示结果。

注意:以上设计结果将在 MATLAB 的 work 子目录下自动存为文本文件(如:sdata. txt)。

2. 连续信号与离散信号

其分为周期性正弦波、周期性方波、锯齿波、抽样信号等信号选项。通过选择不同的信号频率、采样频率等,形象地表示连续信号与离散信号及其频谱的关系,以加深对采样定理的理解。

软件四　上位机软件安装及使用说明

(1)在关电状态下,用串口线连接计算机和实验模块的串行接口。

(2)开启计算机和数字信号处理模块的电源开关。

(3)在计算机上安装并运行上位机软件。

(4)点击【串口选择】,根据实际的串口连接情况选择串行端口,比如 COM1。

(5)再选择【滤波器实验】或【频谱分析】功能,进行相应的实验,后续具体操作可参照滤波器或频谱分析相关的实验内容的描述。

参 考 文 献

[1] 郑君里,应启珩,杨为理. 信号与系统:上册[M]. 2 版. 北京:高等教育出版社,2000.

[2] 郑君里,应启珩,杨为理. 信号与系统:下册[M]. 2 版. 北京:高等教育出版社,2000.

[3] 陈生潭,郭宝龙,李学武,等. 信号与系统 [M]. 2 版. 西安:西安电子科技大学出版社,2001.

[4] ROBERTS M J. 信号与系统:使用变换方法和 MATLAB 分析:原书第 2 版 [M]. 胡剑凌,朱伟芳,等译. 北京:机械工业出版社,2006.

[5] 杨行峻,迟惠生,等. 语音信号数字处理 [M]. 北京:电子工业出版社,1995.

[6] 郑君里. 教与写的记忆:信号与系统评注[M]. 北京:高等教育出版社,2005.

[7] 陈后金,胡健,薛健. 信号与系统 [M]. 2 版. 北京:清华大学出版社,2005.

[8] 陈怀琛,吴大正,高西全. MATLAB 及在电子信息课程中的应用[M]. 3 版. 北京:电子工业出版社,2006.

[9] 党宏社. 信号与系统实验[M]. 西安:西安电子科技大学出版社,2007.

[10] 段哲民,范世贵. 信号与系统[M]. 西安:西北工业大学出版社,2005.